蜜月期後的柏金遜症

葉影霞博士——著

你可知道嗎？

你可知道嗎？紅色的鬱金香是「柏金遜症」的標誌。
在2005年盧森堡舉辦的第九屆世界柏金遜症會議中，
正式將每年的4月11日訂為「世界柏金遜症日」，
並以單朵紅色鬱金香代表。

你可又知道嗎？紅色白邊的鬱金香又名「詹姆士柏金遜醫生」。
著名園藝家W. S. Van der Wereld本身是位柏金遜症患者，1980年他把由自己栽植並獲獎的紅色白邊鬱金香命名為「詹姆士柏金遜醫生」（Dr. James Parkinson），來紀念詹姆士醫生最先發現柏金遜症。

當時詹姆士醫生用「shaking palsy」來形容柏金遜症病徵，意思是「震、慢、硬」。

前言

《蜜月期後的柏金遜症》一書，筆者以自身體驗，述說自己患柏金遜症的歷程。文章從不同角度描繪柏金遜症後期病徵的深化，以及怎樣影響筆者的心態及行為表現。在帶出較後期柏金遜症的病徵及病者所承受的進一步活動和非活動障礙時，筆者刻意指出柏金遜症對患者造成的傷害是悄悄然而來的，殘酷地一天復一天的無痕跡地蠶食患者在生活上自我管理的基本能力，透透徹徹地顯露了筆者進一步的身心苦痛及無奈感。

柏病於筆者心態上所起的影響及內心交戰，令筆者時有心情低落、自憐自怨。在狀態較好、身體感到較舒暢的日子，筆者有時又會忘卻身患柏症，顯得正面積極。情緒上的飄忽，對治療的盼望，正是很多柏病患者真實的境況，筆者對柏病患者心態上的細微感觸變化，描畫得尤其細緻。

筆者希望藉著《蜜月期後的柏金遜症》一書，加深社區人士對不同階段的柏金遜症的認識，繼而理解一些柏金遜症患者時有的不受控的「奇特怪異」行為、表情和動作，祈望社區人士對柏金遜症患者能加以體恤、包容、接納和鼓勵，實踐建立真正的傷健共融社群。

葉影霞
2021 年 7 月

推薦序一

——前香港專教院講師
程淑明先生

柏金遜症是個不能根治的病症，給病人帶來的困擾及心靈創傷，實非筆墨所能言喻。

七年前我到「香港柏金遜症會」口琴班教口琴，對柏金遜症認識深了，患者最大病徵是行路不穩，特別是起步緩慢，其次是手震，說話不靈光。雖然行動不便，但是同學們風雨不改，回來上課，這令我刮目相看。

口琴雖說是一個很小的樂器，對患有柏金遜症的病人來說，要做好持琴，運氣吹吸，手眼協調和左右移琴，是一件困難的事情。影霞用心學習，成為口琴班裡一位出色的同學。後來得知她是一位博士，在香港城市大學任教，有這樣一位學生，我感到自豪和驕傲。

當時「郊遊樂旅行隊」準備出一本 20 周年特刊，這在影霞的幫助下順利完成。之後我自資出了四本書，影霞給書本寫序，親筆題字，建議書名，提供許多寶貴的意見。後來《香江情懷小故事》入選「第 29 屆中學生好書龍虎榜」60 本候選書籍，影霞功不可沒。

2016年不幸的事情再次發生在影霞身上，知道她患上胃癌，我內心非常難過，不自覺留下眼淚，一個柏金遜病已經足夠，再加上另一個病，而且是可怕的腫瘤，對普通人來說已經非常難受，更何況是一位有理想、有抱負的大學講師。最終影霞接受手術把整個胃部切除，雖然保存了生命，但對生活影響甚大，見她消瘦的身軀，我很替她憂心，影霞養病半年，又再回到口琴班。

2017年世界柏金遜症定名200周年，「香港柏金遜症會」一行30多人遠赴杭州交流。影霞大病初癒，在先生李建華醫生的陪同下一起前往，「柏之韻口琴隊」在杭州話劇院表演口琴，中央電視台現場錄影，影霞身體未完全康復，不時需輪椅代步，仍表現出色，以生命影響生命，激勵與會人士及同路人自強不息，精神可嘉。

過去在「柏之韻口琴隊」的公開活動中，影霞大部分都有參與，當中包括到地鐵藝術舞台、香港大會堂、太空館、香港會議展覽中心表演，到庇護工場與工友慶祝生日，聖誕口琴報佳音，策劃安老院舍探訪等。影霞是口琴隊的中流砥柱，沒有她，琴隊便沒有那麼成功。

影霞為口琴隊設計了隊徽，在公開場合中使用，讓多些公眾人士認識柏金遜症。「柏之韻口琴隊」The HKPDA Happy Harmonicus（the 2H@hkpda）出自影霞心思，影霞對口琴隊的付出，無人能及。

2018 年影霞把她的經歷寫成一本書，名為《患柏金遜症以後》，在「香港書展」展出，甚受好評，這本書現已成為全港三十多間公共圖書館藏書，供市民借閱。《患柏金遜症以後》這本書不單對柏金遜病患者有深厚影響，對香港社會也發揮一定作用，讓更多人認識這個病，多關注柏金遜症病人的需要，多關心身邊的人和事，讓香港人活得更有愛心，更具意義。

得悉影霞再度出書，祝願她的新書廣受歡迎，也借此機會，講出我的心底話。

影霞有以下值得香港市民學習的地方：

一、遇到困難，仍勇敢面對
二、困境中，自強不息
三、追尋夢想，活出精彩人生
四、堅毅精神，從不氣餒
五、以無比毅力，鼓勵同路人
六、用生命，影響生命
七、不屈不撓，貢獻社會
八、積極自強，燃亮生命

2021 年 6 月

推薦序二

——香港柏金遜症會會長
陳燕女士

在我認識的柏金遜症患者中，影霞是我最敬佩的一位，患了柏金遜症多年還繼續在香港城市大學任教。記得 2014 年香港柏金遜症會計劃出版首本年報，編輯組邀請影霞加入，結果整本年報大部分都是由她整理出來的。她做事爽快、認真、有效率，連封面設計、排版都由她一人包辦。首本年報剛面世，她已開始籌備第二本。她就是這樣，有工作就忘記了自己是一位長期病患者。

2016 年得知她因患癌需要切除整個胃，同是柏金遜症患者的我真的很為她心痛。柏金遜症已是一個難以控制的病，尤其要注意飲食，她切除整個胃，以後怎樣吸收營養呢？需要多長時間才會復原呢？

原來她才是名副其實的再生勇士，手術後幾個月她已精神奕奕地與我們一起參加瑜伽班練習，她還與另外九位柏友與照顧者一起接受了香港髮型協會導師的訓練，成為「非一般義工剪髮隊」其中一位剪髮義工。繼後她還參加了香港運動障礙學會「柏友 21」的跑步研究組。

在 2020 年接近年尾，她又創造了一個奇蹟，完成了全麻深腦電刺激手術 DBS，當我們還在心掛她情況怎樣時，她已出現在聖誕活動「柏友才藝大比拼」的 Zoom 畫面中。

最近收到她第二本書的初稿，內容很貼地，講出了柏友的心聲，更是一本真實的社會教育好作品。

祝願《蜜月期後的柏金遜症》能夠深受社會大眾歡迎，讓更多人可以更深入地了解柏金遜症。

2021 年 7 月

推薦序三

——香港中文大學神經外科專科
陳達明醫生

蜜月期後的柏金遜症患者四面受敵，慢，就慢吧。

兩百年前，James Parkinson 寫好了「Shaking Palsy」這篇論文，已經用兩個英文字簡單道出了柏金遜症的三個典型病徵：震、慢、硬，全都是運動的障礙（Motor Symptoms），但柏金遜症患者仍一直被誤會。在歷史裡，他們被關在瘋人院；就算在現代，所有人都覺得他們是老人癡呆，真可惡！

這是影霞繼《患柏金遜症以後》寫成的第二本書，以柏友的第一身解說了柏金遜症後期（蜜月期後）的實況和感受。從前的大學講師，縱使身體像被牢獄困著一般，仍然用文字去突破疾病所帶來的誤解，希望初病的柏友、他們的家人和社會明白「柏金遜」多一點。所有治療的第一步就是去認識，經過一番掙扎、憤怒、討價還價，才會接受，甘心和勇敢去面對。

影霞花了很大的力氣，在病情每況愈下，又患上胃癌，四面受敵、希望渺茫時，她寫好了這本書。

蜜月期後的柏金遜是難捱的階段，像一段漫長、空白、沒有出路的人生，有什麼希望（Hope）可以帶給影霞和一群柏友？是一個我認為值得獲諾貝爾獎的醫學探尋。影霞去年接受了深腦電刺激（Deep Brain Stimulation）——一個嶄新的手術治療（其實已經有三十年歷史），雖然是一個「不治本」，但相當治標的治療，可以為他們買上十年的時間，並帶來一點希望。

「手術改變人生」是術後柏友回饋給我的恩惠，我一面為他們雀躍，一面卻掛心三、五、七年後，病情下墜再轉差時，他們仍是要面對無情的現實。

《蜜月期後的柏金遜症》就是可以叫我放鬆心情，原來口琴班柏友間的互憐互愛和支持，比起一切偉大的靈丹妙藥都來得全面和細緻。

柏友和家人間的愛，讓人動容，使他們更堅強，亦承載著他們，讓他們每天都豐盛地走每一步，縱使慢，就慢吧！

最後送一句金句給柏友們：「四面受敵，卻不被困著；心裡作難，卻不至失望。」

2021 年 9 月

目錄

第1章 認識柏金遜症

一個藥物可以舒緩，卻未能根治的長期病症

柏金遜症是常見的腦部神經元退化性疾病之一，全球約有610萬名患者，發病率佔全球人口的0.3%，其發病更趨向年輕化。在已發展國家中，65歲前發病人數是這個年齡群的2%。

柏金遜症主要是影響患者的活動能力，統稱「運動障礙」。最常見的運動障礙病徵，有以下四種（參閱圖表1a）：

（1）靜止震顫
（2）四肢僵硬
（3）動作緩慢
（4）腳步不穩

1.1 左旋多巴（Levodopa）

左旋多巴是現時控制柏金遜症病徵最有效的藥物，針對舒緩柏金遜症的震顫、行動緩慢和四肢僵硬等病徵。可惜左旋多巴只能暫時舒緩柏金遜症病者的不適，並未能根治柏金遜症。

圖表 1a 柏金遜症的一般徵狀

(1) 靜止震顫：患者手腳持續或間歇出現不受控制的震顫，尤以靜止時最為明顯。震顫多由一邊的手或腳開始，然後慢慢擴展至同一邊身體的其他部位。

(2) 四肢僵硬：手腳肌肉變得僵硬，患者在伸直或屈曲手腳時，發覺該部位出現重大阻力，動作有如轉動齒輪般困難。

(3) 動作緩慢：這個徵狀包括一系列現象：

· 書寫困難，字體愈寫愈細
· 長時間呆坐而不變動坐姿
· 起步及停步均有困難
· 臉部缺乏表情
· 步行時雙手缺乏擺動
· 語音單調等

(4) 腳步不穩：腳拖地行走，容易跌倒。

在香港，「息靈美」（Sinemet）和「美多巴」（Madopa）是最常用的處方左旋多巴藥片（見圖表 1b）。

柏金遜症患者的病情會隨著發病時間愈長，病人所需的左旋多巴劑量也會漸漸增多。長時間服用左旋多巴後（大約 5 至 7 年），它控制柏金遜症的效能可能會產生變異，稱為「病狀波動」。這些波動，廣泛地可分為三方面：

（1）每一劑藥可維持足夠藥效以支撐活動的時間減短（藥效漸消）。

（2）從現一劑藥藥尾至下一劑藥藥效開啟時間增長（藥效開啟時間漸長）。

（3）間歇性或延續性出現運動障礙情況（不自主動作增多）。

圖表 1b 左旋多巴藥物

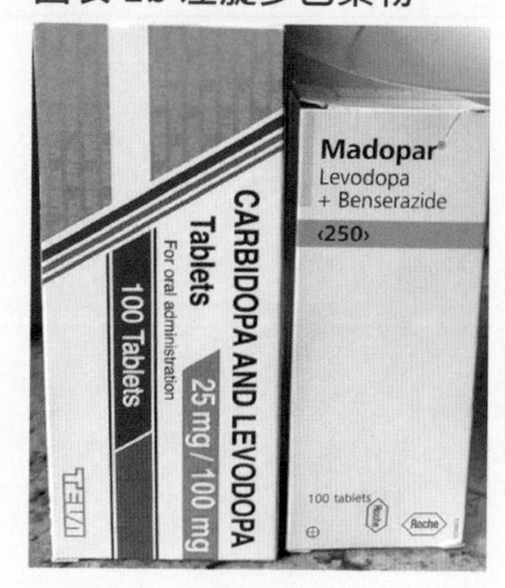

藥效的續期和斷期

「藥效續期」及「藥效斷期」，就是柏友說的「藥效開關」現象。在續期內，左旋多巴藥效發揮正常，病者可以自如地活動四肢，通常震顫和僵硬亦有所減少。而斷期則是指左旋多巴藥效未能發揮，或左旋多巴濃度不足導致藥效未能正常地發揮，病者的活動遇到很大困難。柏金遜症病人常遇到的斷期是在服用下一劑左旋多巴之前的一段時間，亦即是指在每劑藥的藥尾時段。藥尾時段的長短，會因應患者的心情、患者當時的身體情況以至所在的境況而有所差異。大部分柏友在服藥後需要等候半個小時讓新一劑的藥效重新啓動，亦即是說：啓動「藥效續期」大約需要半個小時。

藥效漸消

服用左旋多巴 5 至 7 年後，同一劑量的左旋多巴能舒緩柏症徵狀的效力開始減退，這個現象稱為「藥效漸消」。換句話說，每劑左旋多巴的藥效斷期時間越來越長。在藥斷階段、藥效減弱期間，病友會失去大部分的活動能力。

運動障礙

服用左旋多巴一段長時間後，病者可能會表現出無法自控的不正常身體或肢體扭動。這樣的反應，統稱為「運動障礙」。柏友用「不自主動作」來形容這類手舞足蹈的運動障礙。通常導致不自主動作出現的原因是在短時間病人體內積累過多分量的左旋多巴，令腦部一時受到過度刺激，導致身體和四肢的協調出了問題。

研究顯示，約有 40% 的病人在 6 年的左旋多巴治療期內出現症狀波動。年齡大約在 61 歲的較年輕患者中，68% 平均發病 7 年半後，便會出現藥效波動的情況。可見在病發一段時間後，藥效波動的出現是頗為普遍的現象。

有一些柏症病人在服用左旋多巴大約 5 至 7 年後，即使增加左旋多巴藥量也不一定會得到預期舒緩柏症病徵的效果，到了這個時候，就是病人考慮做深腦刺激手術 DBS（Deep Brain Stimulation）的時候了。

1.2 柏金遜症的病情發展階段

根據病徵的嚴重性分析，Hoehn & Yahr 將柏金遜症病情分成初期、中期和後期三個級別，以及五個階段。第一、二階段屬初期，第三階段屬中期，第四、五階段屬後期。（注意：分辨柏金遜症病情進度級別期數及階段，是以患者在沒有藥物療效下的表現來區分。）

初期（第 1-2 階段）

普遍來說，初期病徵主要有震顫、僵硬、動作緩慢及走路易失平衡，這些徵狀多由影響一邊肢體開始。初期階段，病徵可能不大明顯。雖然徵狀肉眼可見，但並不會影響病人的日常生活及自理能力，例如換個姿勢或使用其他身體部位，震顫便可改善。在這個階段，服藥後病徵很容易受到控制，患者行動自如，可以自我照顧，與平常人並無太大差異。

中期（第 3 階段）

到了中期，病徵由一邊肢體發展至兩側，病者會出現「病狀波動」現象，包括「藥效漸消」及「運動障礙」的開關現象。病人走路及走路的姿勢受影響：步行時腳部不能提起，拖在地面上走，失去平衡能力，容易跌倒。由於病人的身軀經常向前傾，患者慣於在起步後，即以急促碎步向前衝行，企圖平衡向前傾斜的身體。對於轉彎，患者感到特別困難。

後期（第 4-5 階段）

到了後期，病情進一步惡化，患者步行能力明顯地受到影響。在藥力失效時，患者完全失去行動能力，說話不清，吞嚥、排便困難，出現性功能失調及其他自主神經功能障礙。同時，藥力失效的時間逐漸增長，藥力生效時可能會有身體搖擺和手舞足蹈等不自主動作。患者失去自我照顧能力，更可能有認知功能障礙，出現幻覺或妄想等精神錯亂徵狀。

由於柏金遜症源於腦部神經元退化，每個病患者所受到的神經系統破壞並不一樣。不但在不同階段的柏金遜症會有不同病徵，而且不同患者的病情發展亦會有不同，五個階段進展的時間亦不平均，有些患者的初期病情可維持十年或以上。所以，及早接受適當的診治及治療，有助減慢病情進展，保持病人的生活質素。

1.3 柏金遜症的蜜月期

什麼是柏金遜症蜜月期？

柏金遜症是個漸進的病症。在患病初期，病者服食左旋多巴（息靈美或美多巴）後，柏症徵狀多能受到控制。柏友走動回復自如，能處理自己的生活，跟在未發病時相若。在整個柏病病程中，這個階段的柏友受到的病徵影響屬最輕微，病情屬最容易處理及控制，所以稱為「柏金遜症蜜月期」。

柏金遜症蜜月期通常是在柏友開始服用左旋多巴起計至打後的5至7年，屬於「Hoehn & Yahr柏病階段」的初期，即第一、二階段。

左旋多巴：延遲服用？儘早服用？

正因為左旋多巴有助控制柏病病徵的效能，但又同時會引發不自主動作等的「運動障礙」副作用，它的服用及何時開始給病人服用，在醫護界也有爭辯。有關左旋多巴的臨床使用，大致上有兩派看法：「延遲用藥」派和「儘早用藥」派。

「儘早用藥」派相信只要左旋多巴的分量能控制在適當的低範圍（即每天在400mg以內），儘早讓病人服用左旋多巴不會影響蜜月期的長短。同時在患病的早期，病人只需要很少的藥量已能保持自理的能力，儘早用藥讓患者繼續享有一個不至太壞、跟往常相約的生活質素，儘早減低病人不必要的痛苦。

「延遲用藥」派相信儘量以柏症周邊輔助藥物，代替左旋多巴的服用。延遲用藥派希望推後病人服用左旋多巴，會相對地延後左旋多巴副作用的出現，繼而延長蜜月期的時間，讓柏友可延遲步入較難控制的柏病中期階段。

左旋多巴及常用的周邊輔助藥物

左旋多巴是直接補充柏症患者缺乏的多巴胺，是治療柏病「最直接」的藥物。除了左旋多巴以外，還有其他周邊輔助藥物可幫助增加多巴胺在腦中的水平，以減輕柏金遜症病徵。簡單地說，主要輔助藥物可分為多巴胺抑制劑和多巴胺激動劑兩類。

抑制劑（例如 Selegiline），減慢多巴胺分解速度來增加腦部多巴胺的水平。激動劑（例如 ReQuip、Azilect、Mirapex 等）跟左旋多巴相似，作用是刺激腦中的多巴胺受體，使腦部保持正常的多巴胺神經信號傳遞。左旋多巴周邊輔助藥物的使用，除了幫助舒緩柏金遜症病徵外，同時希望因減少服用左旋多巴，而減少左旋多巴的不自主動作副作用的出現。

另一種常用於治療手震的柏金遜症輔助藥物就是抗膽鹼劑。由於腦部多巴胺減少，與膽鹼不平衡，患者手震的徵狀就會增加。抗膽鹼類藥物（例如 Artane）作用是恢復多巴胺及膽鹼在腦內的平衡，減輕手震。

1.4 個人化診斷、個人化病況與個人化治理

柏金遜症對患者身體的影響廣泛，除了運動障礙之外，還可能會影響患者的說話表達能力、清晰度、吞嚥和精神情緒等。所以治療柏金遜症，除了藥物外，還應考慮採納其他元素，當中包括物理治療、伸展拉筋運動、肌肉訓練和均衡營養吸收，是一個多範疇方案模式的治療及治理計劃，每位病友都會不同。

藥物需要經過醫生評估，認為適當才可以服用。在開始治理柏金遜症時，我們對從醫療中能得到的病徵舒緩、情況改善和進度，應有切實際的期望，不可操之過急是很重要的。一般

來說，從醫療中能得到的改善程度最多是 20% 至 40%，病人一定要加入運動，才可進一步減輕症狀帶來的不適。

在柏金遜症初期階段，徵狀還未限制患者的活動時，不少醫生認為足夠的休息、平衡的膳食和強調不同動作的活動，便是最適當的治療。經過一段時間，當病人留意到徵狀的惡化，影響日常生活時，才因應情況考慮用藥（左旋多巴）。開始治療的門檻，各人亦可以有極大的分別，柏金遜症的治理，絕對是個人化的，所以不需要與其他患者比較。

第 2 章　柏金遜症蜜月期後的我

自視過高，自誇不倒是愚昧

2.1 叫人又愛又恨的左旋多巴

柏金遜症會多屆會長、跑步組資深組員陳燕女士在跑步訓練時曾經感慨的說：「我們柏友的活動能力，都是靠柏金遜症藥物（左旋多巴）換來的。」左旋多巴給柏友活動能力，但它的副作用又會帶來阻礙柏友活動的「不自主動作」和「開關問題」。

服食左旋多巴久了，它開啟藥效所需的時間會越來越長，而藥效持續的時間便相對地減短，每劑藥帶來的純效益也縮短了。當每劑藥的藥效時間縮短，每天服藥的次數（或每次服藥的分量）便要增多，所要承受的副作用亦會增加，這形成一個「死胡同」。到最後，左旋多巴可帶給與柏友活動能力的效益已變得有限。

可憐的我，正在面對這個境況。以每隔三個小時服一次125mg 左旋多巴藥片計算，我現時的狀態是：每服一次藥可換取的自如活動時間是少於一個半小時，餘下的一個多小時就得在無藥效狀態中度過。在無藥效狀態中，我不能走路，通常我只是呆呆的坐著、半躺在椅子或直臥在床上，閉目養神，填補晚上因失眠而失去的休息時間。如果當日精神狀態還算可以，我會挑戰 iPad 玩「打麻將」遊戲、播放 YouTube 樂曲或觀看娛樂圈中的是是非非，與 iPhone 智鬥「2048」遊戲、「四圖猜一字」賽局、查看 Email 及 WhatsApp 訊息等等。總之，就是無所事事、漫無目標的讓自己忙著，讓時間快些過去，以恭候服下一劑左旋多巴時間的駕臨！一天之中，這個藥尾開關情況，跟從我的食藥次數，每天重複 8 個循環。

在藥效不足時，我帶著震顫、活動不靈光的雙手，綳緊的小腿，疼痛的腰脊，搖晃不穩的下肢，拖著寸步難移的雙腳，鈍鈍的、一拐一拐的走著不協調與不穩當的步履，稍有不慎，就會跌倒。我驟然感覺到自己是左旋多巴的奴隸！我不想這樣度過餘生，我不想依賴左旋多巴，但我又不能沒有它！我痛恨左旋多巴，但我卻又無奈地鍾情於它！

2.2 當蜜月期將要結束時

第一次聽到「柏金遜症蜜月期」這個名詞是在九龍東分區的運動組練習聚會中，那是我第一次參加運動組的練習班。猶記得當時運動組組長義工基哥問我：「有咗個病幾耐？確診未啊？開始食藥未呢？」我這個新同學都一一回答。他繼續說：「啱啱開始啫？唔使怕，你有 5 年蜜月期！他拍拍我的肩膀，你睇下我哋陳會長，確診廿幾年，仲可以做家務煮飯，照顧屋企！」

原來早期柏金遜症有個這樣美好的稱譽！在發病初期的首 5 年，病情不太嚴重時，患者暫時不一定需要服用左旋多巴藥物，都可以捱過去。「無藥捱過去！怎麼可能？」我在心中盤算著：從發病的第一天開始，我已領悟到柏病帶來的只有苦痛，怎可能會是甜美的蜜月，別開玩笑吧！但很準確地，服食左旋多巴大約 5 年，它抵禦我的柏病能力有明顯下降。即使服了藥，甚至連藥效也開啟了，我依然感到乏力，覺得身體肌肉的力量、平衡能力及心肺功能等等總是跟以前差一點點。與其他有 5 至 6 年病齡的柏友一樣，我想我的柏金遜症蜜月期將要過去，我正在步入柏病的中晚期第三、四階段，要與蜜月期說再見了！

藥效愈來愈短暫

患柏病初期，我還在工作，需要有足夠的活動體能來應付，所以在確診後大約一年，即 2012 年，我便開始服用左旋多巴，至今已有 8、9 年。在首兩年，左旋多巴的效果非常好。服藥之後，腳趾的疼痛、腳掌的麻痹和小腿的繃緊全都消失。走路時更是輕鬆，步履如飛，猶如返回未發病時！看上去，我一點也不像個柏金遜症患者。

在接著的數年間，醫生時有因應我的病況微調我的柏金遜症藥物及劑量。與最初時比較，我現時要食的左旋多巴藥量是當時的 4 倍。在服藥後大概 4 年多，我已開始感到左旋多巴的藥效有所變化，同一劑量的左旋多巴已不像初時能維持我 6 個小時的活動，而且形勢每況愈下。至 2017 年年中，左旋多巴的效力變得更短。

現在一片 125mg 的左旋多巴藥片，只帶給我大約 1 小時多的有效能活動時間。在最初開始服食時，同一片左旋多巴藥片，就可以維持我半天的活動能量了。我要儘量利用有限的「藥開」時間，處理好日常生活上的個人衛生護理、文書工作和興趣發展等。可惜，我可用的時間愈來愈短，不可用的時間卻愈來愈長。

我的藥效下降得這樣急速，不知道是否與我切除胃部有關。在 2016 年 6 月，我因患上胃癌要將整個胃部切除。沒有了胃，食物（當然包括藥物）沒有經過胃部儲存、消毒及磨碎，很快的便從嘴巴經食道直接落到小腸吸收，繼而到大腸排出。我這個缺了胃的消化系統，不知道會否影響左旋多巴的吸收，導致本來已有「隨著病齡病情越變嚴重」、「隨著病齡藥物效力自然減退」的現象，變得更壞？就這個想法，我曾經請教過多位不同專科醫生的意見，但他們都說不大清楚缺了胃對藥物吸收的影響，所以都不敢給我明確的意見。

藥效「開關」，劑末症狀波動

劑末症狀波動是指在現一劑的左旋多巴藥效已用盡，但服用下一劑藥的時間還未到，病人進入無藥狀態，身體再次變回僵硬乏力、四肢震顫和腳步冰結，身體及四肢像不屬於自己地不受控制。

除了無藥狀態，我的另一個劑末難關就是在服食左旋多巴後，在藥效將要開啟，但還未正式開通的一刻，我的身體會有一種古怪難受的感覺：我的小腿會緊緊的抽成一團，像牛的腱子般硬；腳趾有微微的叱動，像有小昆蟲在趾內爬行；胸口有一道悶氣，像被釘子挑動的陣陣痺痛，這些感覺在藥開啟後便會慢慢減退。這些極不好受的感覺常導致我不能沉住氣，耐心地等候至服下一劑左旋多巴時間的到來。我常常陷於一個「無可奈何」的衝動：就是在還未到下次服藥的時間，我已把藥吃了，希望可以快一點停止這些不好受的感覺。再加上藥效漸消的現象，這個「偷步」行為，亦是令我在很多日子多吃了左旋多巴的原因，亦因此要為這個惡劣的行為承受多一點左旋多巴帶來的副作用。

大部分柏友需要大約半個小時開藥，但因個人差別及不同環境會有很大的波幅。運氣好時，藥效有可能十分鐘便開啟；運氣不好時，難受的「關」的狀態會一直持續至服下一劑藥的時間，因為上一劑的左旋多巴就一直在「關」的狀態，其效用一直未被啟動！

劑末症狀波動，在初期患者身上很少發生，當蜜月期過後，它的出現就變成平常事，而且波動維持的時間也越來越長。更壞時，症狀波動可能會突然出現：例如在過馬路途中，腳步可能會突然冰結，導致危險。在什麼情況下左旋多巴會快速開啟？在什麼情況下會正常開啟？又在什麼情況下會罷工休息，完全不開啟？答案並不簡單！研究顯示在過飽、食道有過多蛋白質或心情緊張時，都會影響左旋多巴的開啟及其效力發揮。

身體前傾，碎步走路，容易跌倒

碎步的形態就是以腳尖先著地，小步小步的行走。用這樣的步姿走路會非常疲倦，只走數步，我的小腿、腳掌和腳跟就會開始繃緊，要再次提步，並不容易，加上我的腰背乏力，身體有向前微傾的情況，為了要抗衡上身向前的傾斜力，步速一定要快，第一步的腳前掌還未有著地，下一步的腳就已經要起步了，造成步姿不穩定，看上去跨呀跨呀的，挺危險，像隨時要跌倒。

我最近的好幾次跌倒，都是因為我上身有向前微傾，走路時，腳步不受控制的向前衝，令身體失去平衡，跌倒受傷。

左旋多巴的副作用：不自主動作

不自主動作（又稱舞蹈症）是左旋多巴的副作用之一。最常見的舞蹈症表現是四肢不受控制的郁動，引致步履不穩。最近，我發覺當我在靜態坐著（尤其在用膳時），我的身體會不自覺地左右擺動，我的雙膝緊緊拍貼著，雙腳無意識地在飯檯下不停的放前擺後，像要找個舒適的位置安頓下來。這個行為不但令我舞得滿頭是汗、非常疲累，更令我感到極之尷尬。

這些不自主的肢體擺動，大部分時間是不受意志控制的。我的不自主動作暫時還不算很嚴重，但在往後的日子，這些身體的左搖右擺、蘭花手、上肢揮舞和足部不安的不自主姿態或動作，我還駕馭得來嗎？

2.3 我是不會跌倒的

「平衡力差」、「步履不穩」、「容易跌倒受傷」等字句都是常見用來否定柏金遜症患者活動能力的形容詞。對此，我腦海曾浮現不妥協的表示：是嗎？我會是例外的一個，我不會跌倒的！可是，事實證明，我實在太幼稚，太自負了！

2.3.1 我跌倒了，切切實實地趴倒在地上

自確診至寫這篇文章，我累計共 6 次有留下印記的較嚴重的跌倒事故，及無數次輕微的跌倒紀錄。與此同時，跌倒事故發生的次數越趨頻密，最後的 4 次更是在最近兩個月內發生的。說到底，我始終是一個柏友，一個很典型的柏症患者，又怎會是個例外的幸運兒，不會倒下呢？以下記述了幾個我印象較深刻的跌倒經歷。

第一次跌倒：夢中跨欄，越床墮地

開口夢是指做夢者代入夢中的自我，很多時還會跟隨著夢境手舞足蹈，大說大叫。做開口夢是常見的柏金遜症藥物副作用之一，我做這個夢時，發病大約一年，當時還未服食左旋多巴。主要服食的藥物是一種叫「REQUIP」的柏金遜症激動劑輔助藥物。我的第一次跌倒，我相信就是受到這藥物的副作用影響。

猶記得在跌倒當夜，我依舊睡得不好，矇矇矓矓、半睡半醒的我躺臥在床上。夢中的我置身在一個跨欄比賽的場景，我

穿著白色運動背心，直視著目標跑啊跑，很快就要到達第一個障礙欄桿，我的雙腿很自然的從地面向上跳起。現實的我跟隨著夢境中的我，雙腿作出跨欄動作。我的雙腿一跨，用腰部帶動著雙腳向上彈，只一瞬間，我已越過低欄，跨過床邊，臉向著窗台方向，肩膊微彎朝向著地，很快就趴到地上去。幸好床邊與窗台的空間不大，只有一尺半多的床頭櫃寬度。我的左邊肩膀被窗台卡住，右邊肩膀就斜斜的朝著地面衝去。假若我的左邊肩膀不是被窗台卡住，我整個臉便會狠狠的鋤落到地面，鼻樑骨也可能折了！

雖然我的鼻子沒有受傷，但是我的前額卻被拉倒在鋪了硬硬雲石的窗台上，並沿著窗台邊的牆身拖下去直至停在地面，我的前額起了一幢紅紅的樓房。我兩邊肩膊落在窗台與床邊的細小空間，被夾得向上彎，胸部就被迫向地面壓下去，扭傷胸部及腹部肌肉，整整痛了兩個多星期。

第二次跌倒：連環椅子失平衡，翻後跟斗解圍

我的第二次跌倒發生在數年前，日期已經忘記了。那時的我，雖然身體僵硬，但四肢尚算靈活。那次跌倒是因為我心急要返回書房完成未做完的工作，腳步失去節奏，重心失去平衡而跌倒。

要到書房去，必要走上一道窄窄的走廊，然後右轉面向書房房門，才進入。對柏金遜症患者來說，拐彎基本上就是一個困難。我屬意用腰部帶動身軀及下肢一併向右轉，然後進入書房。

因為心急，這個「拐彎轉腰」動作並沒有成功地把我僵硬的上身及雙腿同步地向右邊轉去。在緊張的一刻，我的腳掌像塗了膠水，動也不動的緊貼在地面。當上身轉向右邊，笨重的雙腿不懂得同時改變方向配合，只轉得一點點，雙腿大致上仍然是向前方站著，但我的意念還是不惜一切代價要提起腿，步入書房去。我的左腳卡住我的右腳，雙腳打起架來，各自誓死守著地盤，互不相讓，腳步一時失去平衡，整個人就被拖下將要跌倒了……

危急中，我最自然的反應就是急速的瞄看附近四周，看看有否可給我依靠、免我跌倒的「水泡」。此時此勢，「水泡」就是靠近書房門口的一張椅子吧！我急急抓住它，希望可以站穩陣腳！可惜這房間的椅子都裝配有滾動輪子的椅腳，我這一推，椅子便向房間裡滾，我就跟著椅子向前衝。要減低衝力，避免受傷，我只好硬著頭皮，扯著腰部帶動一雙腳和上身滾動，像翻「後跟斗」般的彈起轉了個 270 度，反坐到椅子上。我以為椅子會停下來，但它卻乘著餘力再次向前衝，我得再翻多一個後跟斗。幸好，當椅子再要衝前時，它被另一張更靠近窗台的椅子擋住，無空間再滾動，就停下來了。

我的第二個後翻跟斗也把我帶停下來，可惜我不是停在椅子上，而是被拋到地上去！著地時，我的腰痛得要命，我想我的脊椎可能被扭斷了……想著，即使好運，脊椎都一定移位！奇蹟地，我沒有骨折，只是扭傷了胸口、腰間和臀部的肌肉，有點疼痛……不，是極痛啊！但總算好彩了！

第三次跌倒：拐彎再次出事，乒乓戰中墮地跌倒

第三次跌跤發生在 2017 年 8 月 4 日接近黃昏時分。我和女兒到我們家附近公園的戶外乒乓球場打乒乓球，在我們熱烈對招之際，我看著女兒回的球定會打出界外，我想省一點氣力，不想跑到球檯以後的界外拾波，便急忙的向球檯中央跑去，未等乒乓球下落到球檯，便「啪」的一聲將乒乓球打回女兒那邊。接著，轉身便走，回到自己那邊的球檯。就這瞬間一步，我再次忘了轉彎時要走的腳步，以確定雙腳正確的位置。我的左腳再次卡住我的右腳，腳步再次失去平衡，我再次跌倒！

這次我可沒有上次在書房跌倒時幸運！這次，是我的後腦而不是我的臀部先著地。還有，公園的戶外乒乓球場覆蓋的是凹凸不平的水泥地面！著地時，我的臉朝向天，我聽到很響亮的「噗」的一聲，後腦平平地、狠狠地鋤在有無數小尖角的沙石硬地上，我感到頭顱的震盪，聽到頭顱的回響。很痛，很痛呢！

女兒立即跑上來，慢慢地把我扶起。我有意識地用右手壓著後腦發痛的位置，感覺有點濕漉漉的，便知道是流血了。我用手大力壓著後腦，慢慢地走回家，再叫救護車送我到醫院急症室。醫生給我注射了破傷風針，照了 X 光片，說我沒有大礙，不用留院。他寫了覆診紙讓我到政府門診跟進洗傷口和接受其餘的三針破傷風針注射。我們大約晚上 7 時到達急症室，一直煩擾至午夜過後才返回到家中，呆呆的悶在急症室整整 5 個多小時。

另一次跌倒：在熟悉小徑上，也會摔跤

跌跤帶來的皮肉痛楚一次比一次嚴重，我開始對自己的平衡能力有質疑，走路的信心也大打折扣。

再一次有受傷的跌跤是發生在 2018 年 2 月 12 日，農曆年廿七。當天早上，我要到紅磡做按摩推拿，打點好家中的一切後，便啟程出門，打算乘港鐵到黃埔站。我沿著屋苑內一條用沙石鋪砌成磚、可直達港鐵車站月台的小徑走，這條不足 5 分鐘路程的小徑，我走過不知多少次了！

像平常一樣，我靠近小徑的左邊急步的走著，不知怎的，我的腳尖像踢到硬物，腳步失去平衡，整個人被拋起向前衝。在凌空時，我嘗試調快腳步，像在空中行走，希望可重拾平衡，讓離地的雙腳再次踏穩在小徑上，可惜卻未能成功。我的臉就坦蕩蕩的向下栽到小徑上，下掉的力量都集中在鼻子和上唇。我感覺到上唇是濕濕的，非常疼痛，心中在計算著自己的門牙崩斷了、嘴唇破裂了的醜相！相信大家可以理解，過年在即，一副體面的容貌對女士來說是何等重要！

兩個屋苑保安員立即跑來，並取來一張椅子給我坐下。他們召了救護車，在等候期間，他們問這問那，我就快要給他們煩死了，心情非常不好！這個時候，我只擔憂我的門牙和我的嘴唇，我不耐煩的問保安員：「我的門牙和我的嘴唇怎麼了？我覺得好痛，是不是崩了？是不是裂了？」果然，一向令我自豪的牙齒有缺陷了，我的兩隻門牙要報銷；幸好，上唇雖然是腫了，還保得住，沒有破裂！

再一次跌倒：一心難二用，身體前傾斜，飛趴倒入廁所

這次跌跤，我感到極之無助無奈……這次我只走了一段很短的路程，就是從洗手間門外想走進洗手間去，只是三、四步的路程都可以跌倒。

手拿著一隻小碟子，一起步，我的身體就不期然地向前傾，我用腳趾尖緊抓著地面，儘量提胸直立向後仰，抗衡著向前傾的推力。可惜，自己的腰背不爭氣，肌肉不夠強壯，同時要穿著襪子的腳掌抓緊地面並不容易，良久還未能把腰部伸直來站穩陣腳。在身體仍然搖晃之際，我嘗試伸手抓住洗手間的門框，讓自己站穩。持著小碟子的手好像不識反應，仍然拿著小碟子，眼看身子向前越來越傾斜，將要向前趴倒……

就這樣，最終我被迫以腳尖為整個人的軸心，接著向前傾的那股力量將我從洗手間門口拋進到洗手間裡去，我的臉落在坐廁與洗手盆櫃中間的窄小空隙！這次跌倒雖然即時沒有發現明顯傷痕，但我的胸部痛了整整 3 個多星期。後來在一次 X 光檢查中，造影科醫生發現我其中的一根肋骨有撕裂過復原的舊痕跡，怪不得那時候胸腔那麼痛！

受傷最嚴重的一次跌倒：令右手肘及右手掌尾指骨折

最近及受傷最嚴重的一次跌倒是發生在今年年頭1月17日，再一次是接近過農曆年的日子。今次跌倒是發生在小巴站，傷及手肘及手掌尾指骨折。

由於手肘骨折部分的痛楚比手指骨折的痛楚強烈得多，所以在初時並沒有察覺到手指的問題，直至到出院後第一次覆診。但當時尾指骨折處已癒合，醫生建議我做一些指上按壓，好讓尾指的形態看起來自然一點。

這次跌倒，我不但要入院留醫，還於一星期內在同一傷處接連做了兩次相同的手術。柏症令患者的肌肉不時抽搐，長時間持久的肌肉抽搐令用來固定手肘的鋼片及螺絲釘也被擠壓得鬆脫開了，露出在手肘外。醫生替我做第二次手術，結果都是一樣，新的鋼片同樣被柏症引發的肌肉抽搐擠壓斷了。

經過兩次嘗試，醫生說他不會再替我重做手術，就讓斷了的鋼片及螺絲釘留在手肘，假若之後傷口有發炎發痛，他才替我開刀取出斷了的鋼片。大約三個月後的某一天，我的傷口果然有疼痛及紅腫，只能再度入院做鋼片及螺絲釘的移除手術。

至今我得接受我的上下兩支手肘骨是不會癒合的了，手肘亦不能完全伸直，與日常生活工能所需的理想幅度還差 20 多度。相信這個情況對我日後生活的自我照顧，會有一定的影響。

2.3.2 跌倒的原因

內在誘發失去平衡

大多數柏金遜症患者的跌倒都發生在活動之中，例如在步行中、在站立或坐下中移動身體或轉換姿勢。靜止姿勢（例如站立和坐下）是不會導致跌倒的，但從一個靜止狀態轉換到另一個姿勢，當中就涉及活動。當柏友站立時想換姿勢，但又無法控制身體重心於兩腿之間；又或者在坐下時想轉換姿勢，但身體重心卻失控於臀部範圍之外，就會跌倒。這些因病患者自身原因而令身體不能維持平衡狀態直至轉換姿勢完成的情況叫做「內在誘發失去平衡」。很多時候柏友跌倒都是因內在誘發失去平衡所致。

活動能力與跌倒模式

不同病程的柏金遜症患者跌倒的模式亦有明顯差異，圖表2a是香港理工大學麥潔儀教授對輕微及中度兩組柏金遜症患者進行跌倒研究的總結情況。

輕微和中度柏金遜症患者在步行中時跌倒的比率最高（分別是65%及45%），跟著是在站立中時跌倒（分別是25%及34%），而最少患者發生跌倒的活動是在坐下及轉移位置時（分別是10%及21%）。

圖表 2a 柏金遜症患者進行活動時的跌倒比率

患柏金遜症病程 / 活動模式	輕微患者	中度患者	輕微與中度患者的比率差異
步行中跌倒	65%	45%	20%
站立中跌倒	25%	34%	-9%
坐下及轉移位置中跌倒	10%	21%	-11%
總計跌倒比率	100%	100%	n/a

柏金遜症患者最多是在步行中跌倒。在步行、站立及坐下轉移位置三個活動中，步行受到外在環境因素的影響最大，例如在狹窄路面拐彎、要上落樓梯、被他人推撞等等，都有不可預計的可能。所以，步行時跌倒的可能性比站立及坐下時的比率為高。

對柏金遜症患者來說，活動時間的長短、患者活動的能力與患者跌倒的模式有直接關係。作站立及坐下轉移位置需要有一定的體能和平衡能力。輕微柏金遜症患者的活動及平衡能力較中期患者高，故輕微患者在這兩個活動中跌倒的比率比中期患者分別少 9%及 11%。

輕微病程患者步行時跌倒的比率比中度病程患者為高，因為輕微患者的步行能力還未受到太大阻礙。他們的日常生活仍然是以自己步行為主，因此在步行中跌倒的機會較大。中度病程患者每天做步行活動的時間較輕微患者少，中度患者在三種活動中跌倒的機會則較為平均。

2.3.3 跌倒後的感受

大多數柏金遜症患者的跌倒都是在參與活動中、有藥效的情況下發生；在無藥效時，患者很少能參與活動，他們多是默默的坐著，等候藥的開啟。內在誘發失去平衡是最概括的跌倒成因，除了實質活動可導致跌倒，心情、性格及精神狀態也可以影響平衡力的發揮。柏金遜症患者多是動作緩慢，切忌心急緊張。

在我的跌倒個案中，頭一次跌倒是受到藥物副作用影響，第二、三次以及其後沒有描述的無數次跌倒都是因為心急所致。心急，再加上柏友本身就有肢體僵硬和轉彎困難，一不小心，就很容易跌倒。

至於第三次在屋苑小徑跌跤，我曾數次回到現場實地視察，想來想去也無從找出箇中原因。鋪在小徑上的砌磚與砌磚接口除了有少許不平外，並沒有其他問題。可能就是這小於一釐米的高低參差在作怪吧！我們柏友步幅細，很多時候走路又沒有提高腳掌，只是貼著地面拖步滑行。這樣的步姿，一釐米就足夠把我們拖垮了！

柏病患者走路不小心會跌倒，走路不專心會跌倒，就連在睡夢中也會跌倒！有研究（Allen, Schwazel & Canning, 2013）顯示，65% 的柏病患者曾經跌過 1 次，39% 有 2 次或以上的跌倒紀錄。有多次跌倒紀錄的患者平均每年跌倒 21 次，最多的是 68 次，最少的亦有 5 次。由此可見跌倒是柏金遜症患者必會遇上的事實。所以，柏友們要防範跌倒，走路時就不能心急，還要小心翼翼看著地面，感覺四周環境，精神抖擻地提起腳步，一步一步有規律地走啊！

2.4 再生勇士選舉：看得見、看不見的傷殘

我獲香港柏金遜症會提名，參加由恆生銀行及再生會舉辦的 2017-18 年度十大再生勇士選舉。僥倖地通過初選，我在柏會外務副主席鍾小曼女士的陪同下，出席再生會安排在 2018 年 4 月 22 日下午舉行的「總選面試」。再生會職員示意是次面試為時大約 15 分鐘，由一個二至三人組成的評判團負責接見。本以為這個面試會是一次輕鬆平常的對話，怎料我推門向面試室裡一望，就給嚇暈了。面試房間大約有 100 多平方呎，除了門口通道外，沿著房間的三面半牆壁都密密地放了椅子，坐滿整整兩個圈的參與總選面試人士，大約有 20 多人吧，的確是總選呀！參選者被安排坐在人圈的正中央，有被包圍受壓迫的不安感覺，可幸的是：面試真的在 15 分鐘內完成。

面試過後，我和小曼走到水機前想喝杯水，鬆一鬆腦袋。就在這裡，我們無意聽到：評判團覺得我行動自如，在我身上找不到長期病患帶給我的苦痛及折騰的痕跡。簡單一句，評判覺得我的傷殘程度，表面上看遠遠未及其他參賽者嚴重！我和小曼互望一眼，只覺得「啼笑皆非」，難道再生勇士是一個鬥淒慘的選舉嗎？行動緩慢、四肢僵硬、身體震顫及平衡能力不足是柏金遜症典型病徵，嚴重影響患者的活動及自理能力，日常生活需要別人照顧。假若沒有左旋多巴，病者需要坐輪椅代步。左旋多巴雖然幫助不少，但它只能提供短暫的活動能量，未能治本。藥力過後，柏症患者的情況依舊。

圖表 2b

看不見的傷殘，聽不到的說話

患柏金遜病十多年，對這病也未能徹底摸透，難怪別人也累積了不少誤會：當活動能力隨著藥效時好時壞，趕在路上，有時甚至比年青人走得更快，心情甚爽，但是隨時卻比公公、婆婆都不如，甚至在車站守上一段頗長時間，直至藥效到來。如果別人只看到某些時段的我，也不能怪別人產生不同想法，上述這些情況，已經是有形於外，大家終有一天會明白，這是真正的「看不見的傷殘」！

只要留心，不難發現有些資深柏友在語言能力上續漸出現問題，說話時發音模糊不清，詞不達意，為了不讓別人知道，或怕別人聽不清楚而感厭煩，甚至產生自卑感，所以選擇少講說話，漸漸變成惡性循環，衰退更快，结果是有口難言，變成「聽不到的說話」……

病友 KK 的體會（柏之訊 56：7）

再者，左旋多巴會有「不自主動作」的副作用，很多柏友都儘可能減低服食左旋多巴的藥量。在家時，有些病友甚至放棄服用左旋多巴。他們寧願選擇忍受身心不適，來換取延緩柏病退化的希望；寧願選擇放棄出外活動的樂趣，也不想有「不自主動作」、開關困難和無數的非活動障礙問題。相反地，有時為了要出外辦事，亦有柏友選擇加大左旋多巴藥量，承受著加倍的副作用風險來換取活動能量，我們柏金遜症患者處於一個極矛盾的實況！

總選日那天，為了要以最佳的狀態應付面試，我提早食了最接近面試前的那一劑藥，待藥效開啟，才出家門。在面試完後，回家前雖然還未到時候食下一劑藥，我也要多服一次，好讓我有足夠的藥力，安全返回家。由我家到再生會，等候面試，再由再生會回到我家，整個過程大約需要三小時。平常我是隔四個小時服藥一次，但在這三個小時的面試過程中，我已服食了兩次左旋多巴，比平常多吃了一倍，目的是我想整個面試過程，都有藥效，好讓我能正常地行走，話說得清晰！以承受藥物的副作用，換取自控活動能力，這個代價、這樣的犧牲，相信評判團並不知曉，亦可能未必理解。如果我不這樣做，評判團見到的會是一個坐著輪椅、不能走路、口臉木立、反應遲鈍、口齒不靈、聲音細小，對答不清的參選者。試問這樣的一個參賽者，怎樣執行再生勇士的職責？

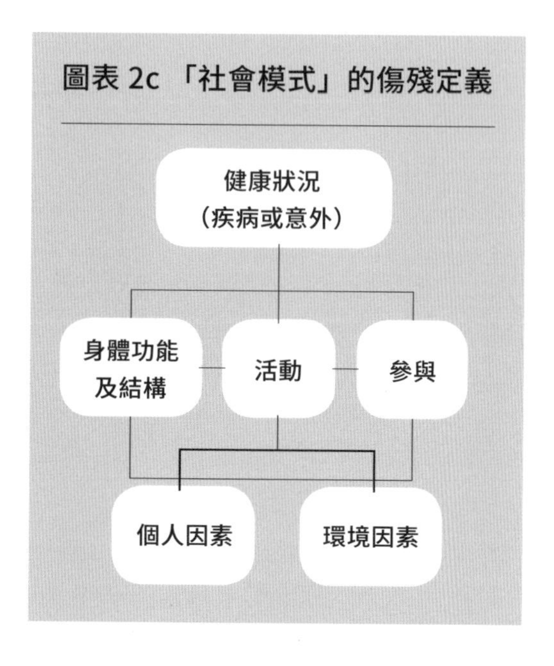

根據世界衛生組織的定義，殘疾是人體機能出現失能的情況；而人體機能出現失能又可以從三個不同層面去理解：

(1) 身體功能及結構失能

(2) 個人活動能力失能

(3) 參與實際生活情境失能

傷殘就是在其中任何一個層面出現失能的情況。這個定義結合了傳統著重身體功能及結構的「醫學模式」和較新的多角度「社會模式」來評估傷殘。「社會模式」認為一個人的身體功能、活動能力和生活參與是受到健康狀況、個人因素和環境因素的影響。

再生勇士選舉評判團的想法帶出了一個很普遍的傷殘定義謬誤。在香港很多人仍然跟著傳統的「醫學模式」來看傷殘。他們只著重外表：是否有截肢或是否需要可看見的輔助器具幫助走動（例如輪椅、拐杖和步行架等）。從這個角度去看，只能看到表面的殘疾，並未能辨識因體內器官問題而導致個人活動能力及參與實際生活情境的失能。在現今社會，「看不見的殘疾」個案可不少，通常是與腦部出現問題相關。

圖表 2d：香港復康政策訂定的 10 項殘疾類別

1. 注意力不足／過度活躍症
2. 自閉症
3. 聽障
4. 智障
5. 精神病
6. 肢體傷殘
7. 特殊學習困難
8. 言語障礙
9. 器官殘障
10. 視障

在香港復康政策訂定的10項殘疾類別中，除了肢體傷殘外，其餘9項均屬不易看見的殘疾（參考圖表2d），可見「看不見的殘疾」在現今社會的重要程度。幫助傷殘人士融入社會，經濟資助固然不可缺少，合適的活動、有效能的環境配套都會影響傷殘人士的參與。只有積極的參與，才能喚醒鬥志，有利康復，改變殘疾的現狀。

社會人士應抱著開明寬鬆的心態看待傷殘，賦予傷殘人士更多的關懷及機會，做到真正的傷健共融。

再生勇士選舉後話

我一直都沒想過要參加再生勇士選舉，一來我覺得這些鼓勵應該留給比我年輕的有心人，二來我並不覺得自己有足夠的功績和條件配得起「再生勇士」這個榮譽稱號。唯柏會主席和副主席多番邀請，在盛情難卻下，我最終接受了他們的推薦。

我成功通過初選，成為總選15個候選人之一，角逐10個再生勇士名額。能進入總選，是在我意料以外，為了尊重主辦單位及我的推薦人，我想我要為這次總選面見好好做準備。我將在申請階段提交的所有文件重新檢閱一次，並估計哪些是總選評判團會感興趣、但在初選時沒有提交足夠資料的地方。

為時 15 分鐘的面試時間過得很快，但總選的程序和內容一點都不像我所預期；我沒有機會說出我想說的，他們好像亦沒有問到他們想知道的重點問題。我心中有點點遺憾，還兼有少許失望，覺得評判團的問題在申請表格中已詳盡回應。假若他們有看的話，應該是不需要花時間重複詢問這些資料。

事實上在準備這個總選會面，我集中思考三個環節：

(1) 怎樣善用這 15 分鐘的會面時間？

(2) 假若僥倖獲選為「再生勇士」，我會做些什麼及怎樣做來幫助彰顯與落實再生會的願景：「讓健康重建，生機再現」？

(3) 再生勇士選舉的使命是：「表揚長期病患者克服困苦，逆境自強的堅毅精神」。

 (a) 現時的再生勇士選舉能達到再生勇士選舉的使命嗎？

 (b) 有些什麼地方須要改善？

後來得知評判團覺得我行動自如，在我身上一點也找不到柏病或胃癌帶給我的障礙、苦況及折騰，就是這個評語驅使我寫這篇文章來回應是次再生勇士選舉的評判團：傷殘未必可見。有時，看不見的傷殘比看得見的傷殘帶來的影響更為深遠！

2.5 第一次坐輪椅

2017 年 4 月香港柏金遜症會到杭州參加世界柏金遜會議。柏會柏之韻口琴隊被會議舉辦單位邀請在閉幕典禮中作表演嘉賓，導師和隊員都非常雀躍，不想錯過這個難得的機會，便隨會議參加者同行到杭州出席會議和表演口琴。

為安全起見，柏會要求每個參加會議的柏友，必須有照顧者同行。作為口琴隊成員，我也想接受挑戰，為琴隊出一份力，到杭州歌劇院這個大舞台見識見識。最初，姐姐並不贊成我參加這次杭州旅程，因為我做了胃部切除大手術還未足一年，身體仍然很虛弱。同時，旅行團團體式的飲食也不適合我的身體狀況。再者，我的柏金遜症藥又發揮得不好，藥效短，精神狀態還差一點點，自行走路久了，會有困難。我心想姐姐說的倒沒錯，心裡已打消參加的念頭。

星期五早上，我如常地回到口琴班上課，得知只欠兩位參加者，杭州口琴之旅便能成行。雖然理性告訴我：我當時身體的狀況是需要多點休息，少點勞累，不適宜舟車勞頓出外地，但我還是很希望口琴隊能再升階梯，衝出香港。回到家中，我總是嘮嘮叨叨的把杭州表演之旅掛在嘴邊。終於我先生建華抵不住我的聽覺轟炸，一天他對我說：「如果你真的想去，我就請假陪你吧！」就是這樣，旅途成行，我倆高高興興的與其他柏友一起出發到杭州參加世界柏金遜會議，並在閉幕典禮中吹奏口琴。

在抵達杭州那晚，我已開始有點不舒服，後悔沒有聽姐姐的勸告，參加了是次旅行。這個 5 日 4 夜的旅程，是我患柏金遜症之後，心情思緒都處於最低點的時刻。天公又不做美，杭州的天氣比預期的寒冷，有時下著密密雨絲，有時更灑下傾盆大雨。日間吃得不好，晚上無法安睡，我覺得特別冰冷，缺乏推動力，整個旅程精神都在恍恍惚惚中度過。自胃癌手術後，我的柏藥效能一直都發揮得不好，在旅途中就更差。跟著導遊跑行程，身體狀態受不了，支撐不來，無法跟上，我終於在這個杭州口琴之旅中，嘗了第一次坐輪椅的滋味！

於我，在旅遊中發生任何人生的第一次都應該是樂事，除了是第一次坐輪椅。我一向獨立，有自信。自己的事，儘量自己辦理，不想麻煩別人。要坐旅行團提供的輪椅，我想我不可能同時是乘客，又是車夫！當團友發覺我走路出問題，便嚷領隊四叔公給我輪椅。坐在輪椅上，即時並沒什麼特別感覺，但當程 Sir 走過來為我作車夫時，我的心就沉了沉，覺得很不自在。程 Sir 是我最敬重的老師，要他當自己的輪椅車夫，讓他辛苦，非常內疚。雖然近來的柏病藥效變得很短，但在出發前從沒想過要以輪椅代步，一時間自己也接受不來，內心酸透了，淚水即時充滿眼眶。不知如何面對老師，我甚至愚蠢到在餘下的旅程都沒勇氣正視他！他一路推著輪椅，我一路隱隱留著淚水。不想留下任何坐輪椅的證據，坐在輪椅上時，我一律拒絕拍攝照片。

整個杭州旅程，就是因為要坐輪椅，我的心情極壞，情緒極低落；我不想與任何人打招呼，不想與任何人說話，不想面對我認識的任何人。整個旅程，我都是面無表情，只希望自己可以隱形，能收藏起來；我只希望旅程快些結束，可回到家中，好好休息！

這個第一次坐輪椅的經歷，對我來說刻骨銘心，我想我永遠都不會忘記，亦不可能忘掉，「它」在我記憶中烙下深深的印！

2.6 連拜山也做不好

每年的清明節掃墓是我們葉姓家族重要的家庭事件之一。除了悼念先人，清理墓碑之外，在拜祭後，幾家後人一同享用祭祀後的食物，一邊傾談家常逸事，以及我們下一代的近況；一邊懷念昔日兒時往事，互揭趣聞，這些都是我們期待的掃墓以外的環節。

每年未到清明，我們兄弟姊妹四個家庭大大小小十數人，都會相約到柴灣地鐵站集合，一起去掃墓。大姐和二姐在掃墓前一星期已開始準備掃墓時用的祭祀物品、香燭和冥鏹。到掃墓那朝早，她們更在凌晨3、4點起床，做炊雞、煲芋頭、燒齋飯、焓雞蛋等等。她兩還要去餅店買蛋糕，到燒味店拿取已預訂的燒乳豬。

她們是晨曦一族，習慣早起。為了避過掃墓繁忙時段，我們約定早上8點鐘在柴灣地鐵站集合，然後一齊上山拜祭。集合後，我們會一同坐小巴或計程車到墳場拜祭。由於我們要攜帶的祭品真的不少，一直以來，我們各人會儘量分擔挑負祭品上山的責任。自從患柏金遜症後，我就免役了，只是兩手空空的走上山，其餘的家人又要多添辛苦了！最近幾年，病情時有波動，病況時好時壞。狀態差時，只單單的步行上山，也有問題，還不時要家人幫忙扶我上山。

在2016年的清明節，我們如常相約到柴灣地鐵站集合，上山拜祭。這時我一家已搬到沙田，路程較遠，坐地鐵到柴灣需要大約50分鍾的車程。建華、女兒和我在早上7點已出發前往集合地點。一路上我都在盤算著：以加藥最少，但藥力又可以維持最長久為準則，何時服食左旋多巴是最好呢？其實，盤算食藥時間是我們柏症患者經常都會做的事情。

很準時，我們到達柴灣地鐵車站時剛剛好是8點鐘，我的身體感覺依然良好，體力也可以！急急的坐上綠色小巴去我們的第一個拜祭點：靈灰閣。拜祭後，我們乘計程車到第二個拜祭站：哥連臣角墳場。由下車處至墓地要走一段約有400級梯級的上山路。雖然呼吸有點急促，亦有多次慢下來休息，但是這個考驗我也總算完成，我們順利到達第二個拜祭點。

祭祀完畢，我們下半部分的家庭聯誼活動就要開始了。我們合力找到一處較乾爽和清靜的角落，取出舊報紙和膠臺布舖在地上，我們將所有帶來的食物全都放到膠臺布上，讓二姐處理。她開始忙碌地切乳豬、斬雞件、分蛋糕……二姐是我們這一代的家族主持人、總經理及執行者，什麼大小事情，都由她「一手包辦，一腳完成」。真是辛苦你了，我們的好二家姊！我們亦不客氣，開始品嘗美食，邊食邊談，近看周邊人情世態，遠眺綠山藍海景致。心內感恩天公做美，早上還在下雨，現在雲中透著少許陽光，使得心情舒暢，心境輕鬆！

站久了，我的小腿又開始僵硬，繼而腳趾和腳掌有點發麻。我感到身體乏力，平衡開始有困難。我環顧四周，想找個地方坐下。在這斜坡上，只有斜坡兩旁的石面可以考慮，但對我來說，這張石座椅會有點不大穩固，不夠安全。我持著拐杖向山坡下走，想到洗手間附近的椅子坐下。剛過了 10 點，正是掃墓最繁忙的時段，掃墓的人開始多。我看見在洗手間另一邊靠近「化寶爐」位置的一張長石椅，中央的一個座位還未被佔用。我毫不考慮，直向長石椅走去，坐到位子上。

本想休息一下，坐 3 數分鐘便回到我們野餐的斜坡。可是，不知怎的雙腳就是像被釘子釘到地上，無法起步。唯有再次坐下，嘗試從背包拿出手機打電話給家人，告訴他們我的地點和情況，好讓他們來幫我。很討厭的，總是在這些時刻，發軟的手震震的，我連手機都無法拿出來！心情越急，手就越震，腿就越硬，四肢就越不受控。我放棄做任何事情，就只靜靜的坐著，等侯左旋多巴發揮藥效。毛毛雨點又再落下，我的雙眼泛有淚光，腦子亂七八糟，又開始胡思亂想了……

我的姨甥女先看到我，我的兩個姐姐立即從斜坡上衝下來，大姐替我拍背鬆腰，二姐給我拉筋張腿。最終，我要家人在山坡上吹風冒雨，呆等我半小時多，才乘車下山，各自踏上歸家途。

後記

隨後的兩年，我都沒有跟家人一起去掃墓了，直至 2019 年的清明節，吃了長效藥，我成功與家人一起到柴灣掃墓。望著二姐的側面剪影，她高高的鼻樑依舊，但覺得她一向精神奕奕的眼神欠缺了銳光，臉色也缺少了光澤。原來二姐患上了耳水不平衡，被暈眩困擾。掃墓那天，她的暈眩也有發作，希望二姐快好起來！

近兩年，因為新冠肺炎限聚令，我們並沒有約同一起去拜山。希望疫情快些過去，我們可再相約去掃墓。

參考資料：

[1] N.E. Allen, A.K. Schwazel and C.G. Canning, “Recurrent Falls in Parkinson's Disease: A Systemic Review”, Parkinson's Disease, Volume 2013.

[2] 麥潔儀，〈為什麼坐下站立會跌倒？物理治療有對策〉，《柏友新知》，2017 年 3 月，第 41 期，頁 11-13。

第 3 章 柏金遜症與情緒抑鬱

認識抑鬱情緒，知己知彼，百戰百勝

3.1 柏金遜症患者多同時有情緒問題

很多柏金遜症患者同時有情緒問題出現，當中以抑鬱和焦慮徵狀為最普遍。研究顯示 43% 的香港柏金遜症患者同時受到抑鬱症困擾，與西方的 45% 相約。在有抑鬱症症狀的柏友中，只有 1/4（25%）患有中度至嚴重抑鬱症的患者服食抗抑鬱症藥物，可見不少柏金遜症病人都忽視自身有抑鬱的事實，或想逃避要面對抑鬱情緒的問題而諱疾忌醫。

抑鬱成因

導致抑鬱症的原因繁多，涵蓋生理、心理和社會等因素。同時成因亦因人有異，有的患者可以覆蓋多個因素，亦有的可以沒有明顯原因。

普遍來說，除了從遺傳基因導致的抑鬱症外，其他的誘因多是由於一些外在的缺失或不快的經歷（例如失去至親、離婚和生病等）所引致。這些創傷若沒有得到適當的處理紓解，便會積聚埋藏在患者心內，凝結成為憤怒，繼續困擾著病者，更以抑鬱表現出來。所以，有人說，抑鬱症是「冰結了的憤怒」積聚而成，一定要受到處理化解。

圖表 3a 抑鬱症自我評估

根據《精神疾病診斷與統計手冊》的臨床診斷標準，抑鬱症的臨床診斷主要符合以下的兩項條件：

條件 1：有不少於五個以下的（行為表現）徵狀：

1. 心情抑鬱
2. 所有興趣、娛樂、活動都顯著減少
3. 體重有明顯的改變
4. 失眠或嗜睡
5. 精神過度激動或遲緩
6. 疲勞或失去平時應有的活力
7. 自覺無價值或無故出現罪惡感
8. 思考能力或專注力下降，或無法下決定
9. 反覆想到死亡、重複出現自殺念頭、嘗試或計劃自殺

條件 2：除了條件 1 的五個或以上的徵狀外，還要符合以下的兩個（環境因素）情況：

情況 (i)：條件 1 的徵狀跟先前的狀態比較，必須有所改變，並顯著地影響現時的生活質素，而且這個徵狀差不多連續兩星期每一天都出現。

情況 (ii)：條件 1 的抑鬱徵狀不是由於近日喪親、藥物或疾病直接產生的生理反應而引起的。

柏金遜症是抑鬱的誘因

柏金遜症患者在病發初期，病徵逐漸浮現：病者身體僵硬，手腳活動不靈活，行動又緩慢，做起事來力不從心，大多數病友總覺得身體狀況大不如前。況且，柏金遜症現時還沒有根治的方法，柏友知道醫治無望，情況只有一直壞下去。有醫生認為柏金遜症病人擔心患上柏金遜症就等於失去健康，沒有出路，抑鬱症有可能在這種心態驅使下而產生。

亦有醫生認為焦慮情緒可能是由醫治柏病藥物的副作用所引致，尤其是柏藥的「開關」問題。病人的情緒可以受到藥效的「開關」狀態影響而改變：「關」時情緒會變差，「開」時又會變好。很多柏症病人都有藥效開關的現象，對日常生活構成很大的困擾及影響，柏友都會表現得情緒不安、缺乏動力及信心。避免藥效不開時要面對的尷尬和窘境，部分病人因此更會選擇儘量減少出外活動。這樣的情況時間久了，可能發展至對社交感到恐懼而進一步孤立自己，成為長期隱蔽病人。這些憂慮和後果，對情緒造成嚴重影響，不容忽視。

3.2 抗柏病經驗分享

2017 年 11 月香港柏金遜症會邀請我到他們的周年會員大會，分享我的抗病經歷。我以「你堅強嗎？」為題，道出我的訊息。

3.2.1 你堅強嗎？

大會給了我一個很艱難的課題：「分享我的抗病經驗」。其實我並沒有什麼抗病計劃，亦沒有特別的抗病心得。我知道的（例如多做運動、依醫生指示食藥、保持心境開朗、多與同路人溝通交流等），柏會的柏友們都已知道，甚至比我知得更多，所以我連復康會舉辦的柏友抗病小貼示招募比賽，也沒有膽量參加。

柏友的病情及體質各人不同，每天的狀態亦可以不一樣。因此，柏病帶給柏友的影響亦可以每天都有差異，令大家無從以計。即使計劃詳盡，也未必用得著。有時亦不妨用上鴕鳥政策，以不知不理為上策，到時見步行步，見招拆招。不要太緊張跟別人比較，因為你與我都是獨一無雙。天外有天，人外有人，一有比較，就會不開心。

同時，亦不要太緊張每天吃藥的多與少，有時真的很不在狀態，我也會多食一點點左旋多巴，使自己不至陷於捱苦。長期活在一個生活質素不理想的境況，的確是好辛苦！偶然給自己一點點釋放，亦不為過分。

堅強的人是怎樣的？

我們常聽到，對抗像柏金遜症這樣的長期頑固危疾，一定要堅強面對。相信大會邀請我來分享抗病經歷，都是因為有柏友說我堅強，話我有積極的人生態度。這些感覺都是柏友們就看見我的處境和行為而作出的主觀評價。說是主觀，自然就不容易量度，不容易量化。那什麼叫堅強？要做什麼才是堅強？要怎樣做才算堅強？

堅強是否就是死頂？拼命？做硬漢子？

堅強是對一個人的整體行為表現的評價，所以堅強是你所做的，而不是你所想的。你所想的，只是你的堅強素質準則。要看一個人是否堅強，通常是以多個具體積極素質及情操指標為量度工具，圖表 3b 列舉了三對互相對應的堅強素質及情操行為作參考。

圖表 3b 堅強的具體積極素質及情操指標

「堅強」具體積極素質 （你所想的）	「堅強」情操行為指標 （你所做的）
不屈服、不認輸、不妥協	堅持自己的看法，立場堅定不變
不言敗、不放棄、 不斷嘗試至成功	堅持不半途而廢， 不容易認輸放棄
堅持看法、不斷嘗試，但不固執， 不墨守成規，不一成不變	堅持並因應環境或情況改變而變通，改變做法或改變目標

所以堅強素質是具體的指標，是不會變的。相反地，行為指標卻可根據環境轉變而有不同。

堅強素質評估

像評估抑鬱一樣，評估堅強這個素質，也是需要一系列的自我評估分析工具。圖表 3c「堅強素質 12 項：自我評估」是我從多方面搜集有關堅強的人應有的行為表現而編成的自我評估清單。

堅強是個客觀的標準，不受主觀因素影響

認識我的柏友都知道，我眼淺，很容易被感動，亦很容易落淚。會否因為我有這些一般人認為是感性軟弱的行為表現，我就變得不堅強？雖然我並沒有你們所想的那麼堅強，但如果堅強的定義是跟從圖表 3b 的方向，我想我算是堅強的！

我的自我整體評價是：

(1)「我表現得似是堅強，只因我不懂得怎樣放棄！」
(2)「我表現得似是堅強，只因我無勇氣面對放棄的後果！」
(3)「我表現得似是堅強，只因我怕死，沒有冒險精神。我的堅強是逼出來的！」

請大家試試這個自我評估工具能否如實反映你的堅強程度。你的得分愈高，你是愈堅強。（12 分為滿分）

圖表 3c 堅強素質 12 項：自我評估

堅強素質	解說	你有這個素質嗎？	
		有 (1)	無 (0)
1. 有奮鬥心	・奮鬥就是每天很難，可一年一年卻越來越容易。不奮鬥就是每天都很容易，可一年一年越來越難。 ・奮鬥的人，不在情緒上計較，只在做事上認真；不奮鬥的人，不在做事上認真，只在情緒上計較。		
2. 會努力、不容易放棄	・不說累。 ・不偷懶。 ・寂寞的時候聽聽歌，傷心的時候看看天，困的時候眯眯眼，時刻提醒自己不認輸，要堅持，要拼搏！		
3. 有人生目標	・有目標的人在奔跑，沒目標的人在流浪，因為不知道要去哪裡！ ・有目標的人在感恩，沒目標的人在抱怨，因為覺得全世界都欠他的！ ・有目標的人睡不著，沒目標的人睡不醒，因為不知道起來去幹嘛！ ・生命只有走出來的精彩，沒有等待出來的輝煌！（認定目標，勇往直前。）		

4. 能區分應走和想走的路	·人有兩條路要走，一條是必須走的，一條是想走的，你必須把必須走的路走得漂亮，才可以走想走的路。 ·不能保留的，叫青春！ ·不可缺失的，叫健康！		
5. 明白自己，明白所要，勇於挑戰	·寧可累死在路上，也不能閑死在家裡！ ·寧可去碰壁，也不能面壁。 ·是狼就要練好牙，是羊就要練好腿。（知己知比，百戰百勝。知道自己及別人的優點和缺點。）		
6. 做好準備	·在人生的大海中，我們雖然不能把握風的大小，卻可以調整帆的方向。不怕從頭再來，就怕沒有未來！ ·成功是送給有準備的人，成功是送給有付出的人。		
7. 對自己有信心，能把握時機	·要相信自己，相信是成功的開始。 ·不論做什麼事，相信你自己，別讓別人的一句話將你擊倒。 ·如果你找不到一個堅持的理由，你就必須找到一個重新開始的理由。 ·有的人看到機會，覺得是個笑話，看看就過去了；有的人看到機會，覺得要試一試，試試就突破了；有的人看到機會，覺得要努力一下，越努力越幸運！		

8. 不輕易妥協	·15 歲覺得游泳難，放棄游泳，到 18 歲遇到一個你喜歡的人約你去游泳，你只好說：「我不會」。 ·18 歲覺得英文難，放棄英文，28 歲出現一個很棒但要會英文的工作，你只好說：「我不會呀」。 ·人生前期越嫌麻煩，越懶得學，後來就越可能錯過讓你動心的人和事，錯過新風景。		
9. 靠自己，不依賴別人	·事不三思終有敗，人能百忍則無憂。 ·越牛的人越謙虛，越沒本事的人越裝逼。 ·拼你想要的，爭你沒有的。 ·要想人前顯貴，就得背後遭罪。 ·父母給的是背景，自己打下的是江山。		
10. 不找藉口，當下做	·人生最可悲的事情，莫過於胸懷大志，卻又虛度光陰。 ·覺得自己不夠聰明，但幹事總愛拖延；覺得自己學歷不漂亮，可又沒利用工餘繼續充電；對自己不滿意·但自我安慰今天好好玩，明天再努力。 ·既然知道路遠，就要早點上路，迎著太陽，出發！		

11. 懂得欣賞自己辛苦得來的收穫	· 最能讓人感到快樂的事，莫過於經過一番努力後，所有東西正慢慢變成你想要的樣子。		
12. 懂得調整心態	· 當你很累很累的時候，你應該閉上眼睛做深呼吸，告訴自己你應該堅持住，不要這麼輕易的否定自己。 · 誰說你沒有好的未來？關於明天的事後天才知道，在一切變好之前，我們總要經歷一些不開心的日子。 · 不要因為一點瑕疵而放棄一段堅持，即使沒有人為你鼓掌，也要優雅的謝幕，感謝自己認真的付出。		
	得分：		
	總得分：		

結語

· 堅強是你所做，而不是你所想的……

· 人間沒有不彎的路，世上沒有不謝的花……

· 堅強的人也可以流淚……

· 了解自己之長短處，並付諸行動……

3.3 抑鬱，不自覺

抑鬱症與心情憂鬱

從心理學層面來說，心情憂鬱跟抑鬱症是不一樣的。抑鬱症是一種因腦部受損退化而導致的情緒障礙，是一種腦部疾病。患者在生活上多是要面對極大的精神壓力，使他們體內產生過量的壓力荷爾蒙。這些壓力荷爾蒙會破壞腦部掌管情緒、行為動機、記憶、睡眠及食慾的部位，因而導致抑鬱症。因此，抑鬱症的病徵不只是持續的情緒低落，還包括因腦部組織受到破損而產生的一些生理變化導致的負面行為，例如：個人缺乏動力、對事物失去興趣、記憶力衰退、難以熟睡、食慾不振、自信心低落等，嚴重的更會有自殺念頭。

而心情憂鬱則是一時情緒的抒發。心情憂鬱和抑鬱症在實質的表現上有著很大的分別，圖表 3d 將兩者的徵狀作簡單的比較。假若單是心情憂鬱，對日常生活是不會有很大的阻礙。事實上，憂鬱過後，心情也會有好轉的時候。抑鬱症主要的問題不單是情緒低落，患者在思想及行為等方面都會有變化。患者在日常生活上一直以來都可以辦到的事情，有了抑鬱症後，很多已經做不來了，任何事情都不會讓心情變好。

於這些變化，每一個人的感受和表現方式會有不同，有些人會從「心情上」感到不快，有些人則會從「身體上」感到不適。因此，憂鬱者會用「沮喪」、「傷感」、「情緒壞」、「悶得很」、「寂寞」或「無聊」來描述他們當下對病徵的感覺。抑鬱症患者則會用「胸部沉重苦悶」、「胃部空空的」或「喉嚨裡被什麼東西塞住似的」等來形容自己現時的感受。緊記，不同患者可能會有不同程度的描述，但我們得接受感覺是主觀的。因此，我們不需要、也不應該挑戰他們不同的感受。

圖表 3d 抑鬱症跟心情憂鬱的比較

(Source: know yourself 2015) extracted from internet on 30-3-2018

比較項目		正常憂鬱情緒	不正常憂鬱情緒（抑鬱症）
(1) 徵狀	(a) 持續時間	· 比較短（數小時、數日）	· 比較長（數月至數年）
	(b) 情緒	· 會較失落、傷心、哀慟	· 長期抑鬱情緒、會易怒、悶悶不樂
	(c) 思想	· 不一定傾向負面，只是人格特質上不太容易感到高興 · 不會脫離現實	· 自我價值低，可能有自殺念頭 · 有變得妄想的可能
	(d) 生理	· 正常	· 失眠、胃口差、疲乏、說話中不斷提及失敗、無用和自責等字眼
	(e) 行為	· 不太影響工作和生活	· 沒反應、不願參與任何活動、對任何事物失去興趣

(2) 日常自理	・仍然能維持原有生活方式	・失去工作能力、失去生活自理能力、人際關係較易受損
(3) 自我形象	・或影響自信心，但信心很快便回復 ・不會因挫折而看成是自己的問題 ・認為不幸遭遇只是短暫、過渡性 ・會在失敗中學習，避免重蹈覆轍 ・對未來抱有希望	・自我形象低落 ・認為別人或自己看自己，都是負面的 ・視自己為永遠的失敗 ・認為環境決定自己的命運、倒霉的事會一浪接一浪在自己身上發生
(4) 成因	・多為環境或性格因素	・生理因素、遺傳因素 ・環境壓力及創傷、性別因素
(5) 治療	不需要精神科治療，但要有適當的途徑舒緩，例如： ・自助管理情緒技巧 ・改變環境 ・社交支援 ・培養正面思維和性格	・藥物治療 ・心理輔導 ・自助管理情緒技巧 ・社交支援

抑鬱是怎樣的感覺？

總體來說，有長期抑鬱問題的人，情緒波動會比較大。狀態好的時候完全感覺不到抑鬱，狀態不好時會感到非常強烈的抑鬱。他們最主要的一種感受是覺得空虛，感受不到任何情緒。「什麼也沒有，什麼都感受不到。每天，一整日，什麼感覺也沒有。」時間久了，他們甚至會想不起自己本來對一些事物應該有怎樣的反應和感覺，生活對他們而言像是夢遊。他們足夠清醒到可以與人交流，但同時感覺生活並不真實，就像在做夢一樣，毫無意義，他們活得好像是自己生活中的「局外人」。很多時候，在他們講述自己對某事「沒有想、沒有感覺」時，這些反應、徵狀就是抑鬱症的表現，可惜患者並沒有察覺到！

負面思想和不投入生活並不代表長期抑鬱的人不會感到快樂。在某些瞬間，或者一段時間裡，他們會突然感覺一切又「真實」起來，好像回到沒有抑鬱的時候。有抑鬱症的病人誤以為自己抑鬱時是不應該感到開心，於是當他們覺得心情很好時，他們反而會困惑，甚至覺得自己的抑鬱是假裝的。可是這些快樂感覺都是短暫的、會消失的，患者情緒會重新低落。

有時，抑鬱症患者為了不讓身邊人過分擔心，會假裝自己好了起來。由於身邊人總是盼望抑鬱症的親人情況會轉好，因此讓身邊人相信這個「已好起來」的假象並不困難。但對抑鬱的人來說，在人前一直保持「正常」的樣貌就像活在一場謊言中，他們會感到苦澀及疲倦，可能會導致出現自殺的念頭。在剛開始有此念頭時，部分長期抑鬱症患者本人也可能會被嚇到，但隨著時間過去，他們會對自殺念頭習以為常，部分患者更學會了在每次很想自殺的時候，試圖為自己找尋繼續活下去的理由。

3.4 長期處於抑鬱，對患者有什麼影響？

在長時間內反覆出現抑鬱的情緒，會改變一個人的人格，這種改變稱為「人格傷疤」。「人格傷疤」有以下幾個特點：

「人格傷疤」與「傷害迴避」（Harm avoidance）

抑鬱發作後，人對「傷害迴避」的程度會增加。一個「傷害迴避」程度高的人，可能會有以下的感受或行為：

· 覺得自己一定會把事情搞垮。

· 覺得自己好像生活在一個充滿敵意的世界裡，擔心各種可怕的意外會發生在自己身上，而面對這些意外，自己會無力抵抗，只會被深深傷害。

· 即使現在的生活好像一切都好，但是在內心深處，覺得最糟糕的事情一定會發生。

· 希望一切都井井有條。

· 別人對你表現出喜愛時，你會很滿足，但一旦當他們有一點冷落你的跡象（大多數時候不是故意的），你就會開始懷疑自己是不是被討厭了。

· 會過度道歉。

「傷害迴避」程度越高，人會變得越神經質；對讓人不舒服的刺激，反應會更激烈。即使在安全、支持性的環境中，依然會感到害怕。這種下意識的「感到世界很危險」並不受自己控制。同時，回覆應對外界刺激時，會表現得更負面、更消極，更容易感到疲勞，也相對地更不願意嘗試新的事物。

「傷害迴避」與「週期性抑鬱」

研究指出，曾患抑鬱症的人，「傷害迴避」的程度會上升是因為患病後的適應性調整。當我們在抑鬱的時候，生理和心理狀態不佳，應對危險的能力便有所下降，為了更好地自保，於是會自發採取更謹慎的態度來應對外部環境。這些原本是好事，但事實上這種變化反而使得人們更容易抑鬱。以社交為例，一方面，抑鬱症患者會過分擔憂社交時被拒絕帶來的痛苦，痛苦給他帶來的感受會更強烈；另一方面，對痛苦的擔心會讓心情更糟。於是，他自發地將自己和他人隔離，而這種自我隔離帶來的孤獨感反而加重了他的抑鬱，這將抑鬱變成一個「週期性」的疾病、抑鬱再發作的誘因。

同時，抑鬱症的首次發作會緣於一些比較嚴重的負面事件（例如：失去摯愛）。而在這次發作緩解後，患者會因為更溫和的事件（例如：失去寵物），甚至在沒有社會及心理壓力的情況下復發抑鬱。所以抑鬱要儘早處理舒緩，免得墮入「週期性抑鬱」。

3.5 戴著「微笑抑鬱」面具，掩蓋悲觀、低落情緒

患有抑鬱症的人並不是看起來就很悲觀、低落。他們會用「幽默」、「快樂」的面具來掩蓋自己，這種現象被稱為「微笑抑鬱」。與典型抑鬱症不同的是，「微笑抑鬱」的患者並不是每天縮在床上，喪失與人交往的能力，而是擁有比較好的社會功能，甚至令人誤以為他們的社交能力比普通人還要好。因此，很多抑鬱症病人家屬在病者出現異常行為或者自殺時，都感到震驚或者難以相信。

「微笑抑鬱」的風險在於患者的抑鬱不但很難被身邊的人所感知到，有時候就連病人本人也難發覺自己得了抑鬱症。當他們感知到有「不對的」情緒時，他們只是把自己的情緒放到一邊，不去處理，繼續前行。

「微笑抑鬱」與幽默感

研究顯示，幽默的人出現精神問題的機率可能更大。那些被父母和老師認為幽默感比較強的孩子，成年後容易早逝。一份關於芬蘭警察的縱向報告發現，那些讓他人感到有趣的人很容易過度肥胖，或者物質成癮。在 2014 年，英國科學家對名喜劇演員、名演員以及普通人進行了研究，研究指出：和非喜劇演員、普通人相比，喜劇演員更容易體驗快樂感覺的下降，更容易產生對人類的厭惡感，也更容易出現精神病徵兆、精神分裂和雙向情感障礙的症狀。

對於幽默的人來說，他們不僅容易受到抑鬱情緒的影響，也更不善於表達自己的壓力和情緒。他們習慣了在他人面前笑，或者引人發笑，但不願意去承認和表達自己的情緒，因為他們覺得那是一種「軟弱」。

「微笑抑鬱」與性別

男性比女性更容易以「微笑抑鬱」的方式表現抑鬱情緒。長久以來，抑鬱症都被認為是一種「女性疾病」，在世界各地，女性的抑鬱症診斷率大約是男性的 2 至 4 倍。但實際上，有研究表明，這是因為很多男性的抑鬱不會體現出抑鬱症的典型症狀，比如低落消沉、喪失愉悅感等。若把非典型症狀納入考慮，男性的抑鬱風險（30.6%）和女性的抑鬱風險（33.3%）沒有顯著差別。

一直以來，男性主動去說出自己抑鬱的比例很低，他們傾向於用掩飾性的舉動來掩蓋自己的病情，這可能是因為社會對於男性的要求，讓他們認為暴露出自己的悲傷、焦慮和恐懼是承認自己的弱小。因此，診斷者和研究者對男性的抑鬱狀態了解不多。這存在著一個惡性循環，男性抑鬱的問題更不容易受到關注。

3.6 患上抑鬱症怎麼辦？

書寫日記或文章抒發

如有抑鬱情緒，除了向專業人士求助外，寫日記也是一個很好的方法幫助自己更好地面對抑鬱。日記不止記錄發生的事件，還要記錄圍繞這個事件的感受和想法。處於抑鬱狀態的人，時常會描述自己的思想像是「被困住了」，好像頭腦結成了一塊，不知道自己在想些什麼。寫日記正可以幫助我們同自己的心智對話。在寫作的過程中，你可能會察覺自己過去沒有意識到的、一閃而過的念頭。

當個人主觀的想法變成客觀的文字呈現在紙上，你就可以去觀察它、去改變它、甚至去摧毀它，你可能會發現面對同樣的事情，你可以用一種與當時不同的方式去描述，用不一樣的感受去應對。

記住自己感受良好的時刻

即使接受了治療，我們也會有感覺非常糟糕、甚至生不如死的時候。但是，記住自己曾經感受過的良好時刻，讓自己知道抑鬱帶來的痛苦不會是永恆的，自己是有能力感到快樂的。

打破負面思想週期

一般來說，抑鬱症都是負面情緒的表現。除了食藥，個人的心態和家人的支持都很重要。要改善情況一定要接受治療，努力做好本分，能夠辨識負面思想的慣性，做一些正面的事情去打破負面思想週期，讓抑鬱所引伸的感覺轉化成正面思想和行動。憂鬱心情與抑鬱症之間只是一線之差。

3.7 正常與抑鬱之間，如何自處？

患柏金遜症的人是抑鬱症高危一族。從某一個角度看，我想我是有抑鬱傾向的：我很容易有感觸，即使是很小、很遙遠、與我無關的事情（例如從收音機聽到的一件事情、一個故事、一句說話），都可以令我心酸落淚。直到今天，每當提到與我共存已 8 年多的柏病時，我心中依然有芥蒂，依然有不快，依然會流淚。從另一個角度看，我又覺得自己沒有抑鬱：我繼續追尋自己的興趣，積極參加活動，依舊與朋友聚會。如果不是定時要覆診，我差點兒也忘記了自己的長期病患！

處於正常與抑鬱之間的境況，我是否真的沒有抑鬱症？其實，連我自己也不敢肯定;有時候我會有處於抑鬱狀態的「空虛」感覺，有時候亦會有負面思想，有時候又會戴起微笑面具假裝心情開朗，表現得風趣幽默。相信不少柏友都曾經有與我相同的感覺，正處於抑鬱與不抑鬱之間的分界線，很難定斷。

其實，抑鬱與不抑鬱不可能是絕對的，它的分界線亦不會是清晰無誤。同時，抑鬱的評估工具亦不可能是完美無瑕、無漏洞。事實上，是否有「人格傷疤」、「傷害迴避」甚至「微笑抑鬱」都不重要，只要能積極地過每一天，以不墮入「週期性抑鬱」陷阱為目標。要照顧好自己，保持積極，多參與有興趣的活動，放開懷抱與他人保持聯絡，分享擔憂及歡樂。香港柏金遜症會為同路人提供了一個多元化的活動平台，除了對抗柏病，也是有效預防抑鬱症的好地方，聰明的柏友定會好好善用。

最後，要對抑鬱有合理的期望。與抑鬱為伴可能會是個漫長的路程，可能會經歷一次甚至多次反覆。即使經過治療，我們在將來依然可能會因為一些事感到低落或痛苦。雖然治療無法徹底消除問題，但是我們可以學著更好地和抑鬱共處，就像與柏金遜症共處一樣。那時候，可能你會發現抑鬱也並非那麼可怕。

參考資料：

[1] https://womany.net/read/article/15656 (internet source extracted on 7 November 2018)

[2] Grayson-Mathis, C.E., Writing your way out of depression. WebMD.

[3] Knightsmith, mental-health@patientcarefoundation.com.hk

[4] Rosenström,T., Jylhä, P., Pulkki-Råback, L., Holma, M., Raitakari, O.T., Isometsä, E., and Keltikangas-Järvinen, L. "Long-term personality changes and predictive adaptive responses after depressive episodes." Evolution and Human Behavior, 2015, 36(5), 337-344.

[5] Steger, M.F., and Kashdan, T.B. Depression and everyday social activity belonging, and well-being. Journal of counseling psychology, 2009, 56(2), 289.

[6] Wichers,M., Geschwind, N., van Os, J., and Peeters, F. "Scars in depression: is a conceptual shift necessary to solve the puzzle?", Psychological medicine, 2010, 40(03), 359-365.

第 4 章　柏金遜症與癌症

基因變異，研究治療柏金遜症新方向

自從患了胃癌，我對會中其他柏友患上或曾經患過癌症的消息特別留心，才知道柏友中受到柏病及癌症雙重危疾困擾的人可不少。相信這篇章講述的癌症與柏金遜症有可能是由同一組基因變異而導致的，很多會中柏友也不會感到驚訝，都會有興趣知道。

4.1 柏金遜症與癌症的病發關連

癌症是由於基因變異，細胞受到破壞，身體出現不正常的細胞活動，形成腫瘤。腫瘤分為良性及惡性，惡性的腫瘤稱為癌症。癌症是目前人類的頭號殺手，單是中國，在 2015 年便有 201.1 萬的新增癌症個案，死於癌症的人數多達 126.9 萬，五年以上癌症存活率少於一半，只有 36.9%。（王，2018）

至目前為止，導致基因變異誘發癌症的最主要因素，是家族性遺傳及受到致癌物質影響。致癌物質是指經過證實會增加人類患癌風險的物質，包括任何能增加人類患癌風險的化學和物理物質、生活習慣或工作方式等。這些致癌物質，有不少是與食物相關，所以在選擇食物時，應該特別注意。

柏金遜症的病因是腦內基底核的黑質區退化，導致未能製造出足夠的神經傳導物質「多巴胺」，令腦部難以控制身體不同部分的肌肉，影響患者身體活動功能和動作協調。

柏金遜症的成因，至今仍然不明確。很多柏金遜症研究顯示生活環境、職業、個人行為習慣和心理狀態都是重要因素，因遺傳因子突變而引發柏症的案例則很少。因此，一直以來從遺傳學研究柏症的資訊並不多，直至較近期柏金遜症家族遺傳基因 PARK2 的發現，對早發性柏金遜症研究有極大啟示，科學家從基因變異方向研究柏金遜症的興趣又再次燃起。近年更有將導致柏金遜症的基因變異和引發癌症的基因變異，拼同一齊探索。

自 1980 年代開始，已有針對柏金遜症和癌症發病關連的流行病學研究。研究結果顯示：從觀察得出，在震顫癱瘓（即柏金遜症）病人中，癌症是非常罕見的。其後，更有指柏金遜症大大減低癌症死亡風險的說法。就過去的 50 年間，已有超過 25 項有關柏金遜症與癌症之關連的深入研究。圖表 4a 擇錄了從 1995 至 2015 十年間較有代表性的，有關柏金遜症與各類癌症的發病關連流行病學研究結果。

圖表 4a 1995-2015 年間較有代表性的柏金遜症與癌症發病關連的流行病學研究

Epidemiological studies of PD and Cancer 柏金遜症與癌症發病關連的研究報告	Note 備註	Reported positive association 有正向關連			Reported negative association 有反向關連						
		Heart 心臟癌	Non-melanoma skin 非黑色素瘤 （皮膚癌）	Brain 腦癌	Prostrate 前列線癌	Lung 肺癌	Bladder 膀胱癌	Stomach 胃癌	Colorectal 腸癌	Leukemia 白血球過多疾 （血癌）	Uterus 子宮癌
(1) Lin et al 2015	c	1.11 (0.90-1.37)	**1.81 (1.46-2.23)**	**3.42 (1.84-6.38)**	*1.80 (1.52-2.13)*	*1.56 (1.38-1.76)*	*1.59 (1.25-2.01)*	*1.59 (1.30-1.94)*	*1.47 (1.31-1.65)*	*1.62 (1.31-2.01)*	*1.83 (1.12-3.01)*
(2) Ong at al 2014	c	**1.16 (1.10-1.22)**	*0.89 (0.86-0.92)*	**1.5 (1.34-1.68)**	0.98 (0.94-1.01)	**0.75 (0.71-0.78)**	**0.86 (0.80-0.91)**	**0.87 (0.8-0.95)**	**Colon 大腸癌： 0.87 (0.83-0.91) Rectum 直腸癌： 0.89 (0.83-0.97)**	*Lymphatic 淋巴癌： 1.11 (1.00-1.23)* **Myeloid 骨髓癌： 0.82 (0.72-0.94)**	***Corpus 子宮體癌： 1.17 (1.03-1.32)*** *Cervic 子宮頸癌： 1.09 (0.83-1.40)*
(3) Wirdefeldt et al 2014	a	1.02 (0.86, 1.21)	1.05 (0.82, 136)	1.43 (0.95, 2.14)	*1.12 (0.96-1.31)*	*1.11 (0.60-2.04)*	*1.15 (0.89-1.48)*	1.61 (0.24-1.54)	Colon 大腸癌： 0.75 (0.54-104)	*Lymphatic 淋巴癌： 1.78 (0.35-1.76)*	***Corpus 子宮體癌： 1.66 (1.21-2.28)***
	b	1.24 (0.81-1.92)	1.54 (0.96-2.49)	**4.78 (2.24-102)**	0.99 (0.76-1.29)	*1.59 (0.92-2.77)*	*1.54 (0.95-2.50)*	*1.43 (0.66-3.08)*	Colon 大腸癌： 1.66 (1.09-2.53)	*Lymphatic 淋巴癌： 1.78 (0.83-3.8)*	***Corpus 子宮體癌： 2.55 (1.17-5.58)***
	c	0.80 (0.57, 1.12)	**1.40 (1.04,1.88)**	1.52 (0.86-2.69)	**0.77 (0.63-0.92)**	***0.4 (0.24-0.66)***	***0.40 (0.24-0.66)***		Colon 大腸癌： 0.74 (0.52-1.05)	***Myeloid 骨髓癌： 2.95 (1.0-8.59)***	*Corpus 子宮癌： 0.51 (0.23-1.13)*
(4) Rugbjerg et al 2012	c	**117 (1.02-1.34)**	**1.29 (1.18-1.39)**	*0.99 (0.67-1.43)*	**0.74 (0.64-0.86)**	**0.40 (0.38-0.60)**	**0.48 (0.38-0.60)**		**0.82 (0.73-0.92)**	**Lymphatic 淋巴癌： 0.66 (0.42-0.99)**	Corpus 子宮體癌： 0.82 (0.58-1.13)c
(5) Kareus et al 2012					***1.71 (1.49-1.96)***	**0.22 (0.09-0.43)**		**0.22 (0.03-0.79)**	**0.55 (0.37-0.79)**		
(6) Fois et al 2010	a	*0.9 (0.7 to 1.0)*	1.0 (0.8 to 1.1)	1.0 (0.4to 2.1)	0.9 (0.7 to 1.1)	**0.5 (0.4 to 0.7)**	**0.7 (0.6 to 0.9)**	0.8 (0.5 to 1.1)	**Colon 大腸癌： 0.7 (0.6 to 0.9)**	0.7 (0.4 to 1.2)	0.9 (0.6 to 1.3)
	c	*0.7 (0.4 to 1.0)*	***0.6 (0.3-0.9)***	*0.8 (0.1-2.8)*	**0.7 (0.5 to 1.0)**	**0.5 (0.4 to 0.8)**	**0.5 (0.3 to 0.9)**	**0.6 (0.3 to 0.9)**	**0.5 (0.4 to 0.8)**	0.9 (0.4 to 1.6)	0.8 (0.2 to 2.0)

(7) Lo et al 2010	ad c	*0.72* *(0.27-1.9)* *0.95* *(0.38-2.4)*			*1.01* *(0.47-2.2)* 0.80 (0.41-1.6)	0.45 (0.05-4.5) 0.35 (0.10-1.2)	*1.03* *(0.26-4.2)* 0.73 (0.10-1.2)	1.03 (0.26-4.2) 0.5 (0.3 to 0.9)	0.61 (0.11-3.4) 0.66 (0.27-1.6)		
(8) Becker et al 2010	c	*0.98* *(0.56-1.32)*			0.86 (0.56-1.32)	**0.47** **(0.25-0.86)**			0.88 (0.48-0.61)	**0.33** **(0.18-0.61)ce**	
(9) Driver et al 2007	c			*0.83* *(0.14-4.96)*	0.74 (0.44-1.2)	0.32 (0.07-1.53)	0.68 (0.16-2.84)		0.54 (0.14-2.16)	0.81 (0.22-2.90)	
(10) Olsen et al 2006	ad	1.09 (0.90-1.33)	**1.26** **(1.11-1.43)**	*0.97* *(0.55-1.70)*	0.99 (0.75-1.31)	**0.42** **(0.22-0.80)**	**0.71** **(0.55-0.91)**	*1.03* *(0.50-2.14)*	***Colon 大腸癌：*** ***1.29 (1.02-1.63)*** Rectum 直腸癌： 0.98 (0.70-1.0)	0.43 (0.19-1.01)	Cervic 子宮頸癌： 0.93 (0.66-1.31)
(11) Olsen et al 2005	c	**1.24** **(1.0-1.5)**	**1.25** **(1.11-1.43)**	1.32 (0.9-1.9)	**0.74** **(0.6-0.9)**	**0.38** **(0.3-0.5)**	**0.52** **(0.4-0.7)**	0.83 (0.6-1.1)	Colon 大腸癌： 0.84 (0.7-0.91) Rectum 直腸癌： 0.89 (0.7-1.1)	Myeloid 骨髓癌： 0.69 (0.4-1.2)	
(12) Elhaz et al 2005			**1.76** **(1.07-2.89)**								
(13) Minami et al 2000		**5.49** **(1.10-16.03)**									
(14) Moller et al 1995	c	1.20 (0.9-1.5)	1.24 (1.0-1.5)	1.61 (0.9-2.7)	0.79 (0.6-1.1)	**0.29** **(0.2-0.4)**	**0.42** **(0.2-0.7)**	0.91 (0.6-1.4)	Colon 大腸癌： 0.96 (0.7-1.2) Rectum 直腸癌： 0.98 (0.7-1.4)	0.82 (0.4-1.4)	Cervix 子宮頸癌： 0.86 (0.3-1.9) Corpus 子宮體癌： 0.089 (0.4-1.6)

Notes 備註：

a：Before PD diagnosis；b：Within one year of PD diagnosis；c：After PD diagnosis；d：Odds ratios

BOLD：Statistically significant values of relative risks (hazard and incidence rate ratios) according to researchers' thresholds are bolded.

Red ITALICs：Associations that do not follow the general trend are highlighted red in italics.

(Adapted from：Feng et al 2015)

1995-2015 的柏金遜症與癌症發病關連流行病學研究結果

研究結果指出：除了某些癌症，例如皮膚癌（尤以非黑色素瘤）、乳癌和腦癌，柏金遜症和癌症之間有著反向的關連。即是說柏金遜症患者與非患者比較，除了皮膚癌、乳癌和腦癌外，柏金遜症患者發展至患癌症的機會較低。

2015 台灣柏金遜症與各類癌症發病的關連程度

在 2015 年，Lin 借用「全台灣醫療保障研究數據庫」進行了一次台灣全民的柏金遜症與癌症的關連研究。圖表 4b 展示了 Lin 的柏金遜症研究對象及患者患上各類癌症的關連程度。研究結果分析顯示，從研究對象的 19 種癌症中，柏金遜症不會增加病人患乳腺癌、卵巢癌和甲狀腺癌的風險，但與其餘的 16 種癌症，卻有正向風險的關連。換句話說，柏金遜症及癌症這兩個危疾的發病是有正向的聯繫，假若患上了其中一個疾病，患上另外一個病的風險就會增加。這些癌症包括惡性腦腫瘤、胃腸道癌症、肺癌、一些與激素相關的癌症、泌尿道癌、淋巴瘤／白血病、黑色素瘤及其他皮膚癌。

圖表 4b 台灣柏金遜症與各類癌症發病的關連程度

(Adapted from: Lin et al 2015 online publication, downloaded from American Medical Association 13/11/2018)

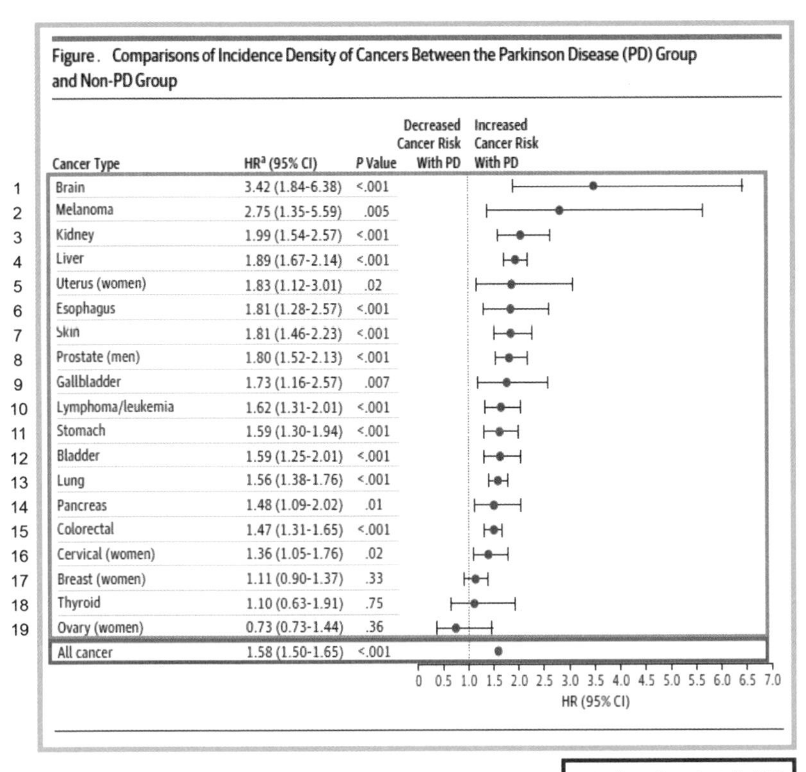

Figure. Comparisons of Incidence Density of Cancers Between the Parkinson Disease (PD) Group and Non-PD Group

	Cancer Type	HR[a] (95% CI)	*P* Value
1	Brain	3.42 (1.84-6.38)	<.001
2	Melanoma	2.75 (1.35-5.59)	.005
3	Kidney	1.99 (1.54-2.57)	<.001
4	Liver	1.89 (1.67-2.14)	<.001
5	Uterus (women)	1.83 (1.12-3.01)	.02
6	Esophagus	1.81 (1.28-2.57)	<.001
7	Skin	1.81 (1.46-2.23)	<.001
8	Prostate (men)	1.80 (1.52-2.13)	<.001
9	Gallbladder	1.73 (1.16-2.57)	.007
10	Lymphoma/leukemia	1.62 (1.31-2.01)	<.001
11	Stomach	1.59 (1.30-1.94)	<.001
12	Bladder	1.59 (1.25-2.01)	<.001
13	Lung	1.56 (1.38-1.76)	<.001
14	Pancreas	1.48 (1.09-2.02)	.01
15	Colorectal	1.47 (1.31-1.65)	<.001
16	Cervical (women)	1.36 (1.05-1.76)	.02
17	Breast (women)	1.11 (0.90-1.37)	.33
18	Thyroid	1.10 (0.63-1.91)	.75
19	Ovary (women)	0.73 (0.73-1.44)	.36
	All cancer	1.58 (1.50-1.65)	<.001

HR indicates hazard ratio (bold HRs indicate statistical significances; *P* < .05)

[a] Adjusted for sex and age.

種族、生活習慣和社會環境差異

Lin的研究結果與在1995-2015年的相關流行病學研究結果有很大的差異。在2015年之前，大多數的研究都顯示柏金遜症減低患癌症的風險，但Lin在2015的研究卻顯示柏金遜症是台灣大多數癌症的危險因素。他亦察覺到，2015年之前的研究對象只包括住在歐美西方國家的族群，而Lin的研究對象則是生活在台灣的東方族群。因此，Lin猜測不同研究之間存在的結果差異，可能是因種族、生活習慣、社會文化及環境的不同所導致，突顯了這些因素對解釋柏金遜症和癌症發病的重要性。

4.2 柏金遜症及變異基因

在2015年之前的流行病學研究顯示，柏金遜症病人其後患上癌症的風險，一般來說較非患者為低，是一個反向關係。然而，近年越來越多的研究卻顯示柏金遜症與患上癌症的風險之間存在一個正向關連，這些研究的基礎數據是從針對柏金遜症及癌症病人在不同時間和種族群體的研究分析結論而來。近年的研究更有顯示這種正向聯繫是通過SNCA、PARK2、PARK8、ATM、p53、PTEN和MC1R中的幾種常見基因突變導致細胞變化所致，例如線粒體功能障礙、異常蛋白質聚集和細胞週期失調。

據目前所知，柏金遜症是因正常神經元細胞死亡所致。但神經元細胞為何死亡？一直以來，柏金遜症都被視為老人病，很自然地便將神經元細胞死亡歸究於老年退化，但這解釋不了柏金遜症年輕化的趨勢。當柏金遜症家族遺傳基因被發現，柏金遜症年輕化的謎題就得以破解，早發性柏金遜症大多是由基因突變導致正常神經元細胞死亡所致。癌症和柏金遜症都可能是因為基因突變所引發，前者的基因突變導致不正常的變異細胞積聚誘發癌症，後者的基因突變則導致正常的神經元細胞死亡誘發柏金遜症。

很難想像這兩個截然不同的疾病的起因和形成，可能是源於某些、甚至是同一個基因的突變。圖表 4c(i) 是已知道與癌症有關的腦退化基因，圖表 4c(ii) 是控制柏金遜症的家族遺傳基因形態。從這兩個圖表，有科學家推測：導致腦部退化及發展成癌症的突變基因有可能是同一個或同一組的基因。因此，柏金遜症病人將來患癌症或癌症病人將來患柏金遜症的可能性較非患者為高。

圖表 4c (i) 與腦退化及癌症有關的基因（Adapted from: Feng, Cai & Chen 2015）

Gene / Protein 基因 / 蛋白	Biological Functions 生物功能	Changes in neurodegeneration 腦部神經退化的變化	可牽連癌症
SNCA / Alpha-synuclein **SNCA / α- 突觸核蛋白**	synaptic vesicle and dopamine release; excitatory transmission; endoplasmic reticulum-Golgi transport 突觸小泡和多巴胺釋放；興奮性傳播；內質網一高爾基體運送	major constituent of Lewy bodies; impaired neurite growth and long-term potentiation; increased synaptic transmission and endoplasmic reticulum stress; increased gliosis; increased mitophagy 路易體的主要成分；受損的神經突生長和長期增強；增加突觸傳遞和內質網受壓；增加膠質增生；線粒體自噬增加	adenocarcinoma, lung; colorectal; brain; melanoma; prostate; non-Hodgkin lymphomas 腺癌，肺；結腸直腸；大腦；黑色素瘤；前列腺；非霍奇金淋巴瘤
PARK8 / LRRK2 **PARK8 / LRRK2**	synaptic vesicle release; autophagy; neurite growth and differentiation; cell death signaling; mitochondrial regulation; cytoskeletal structure maintenance 突觸小泡釋放；自噬；神經突生長和分化；細胞死亡信號；線粒體調節；細胞骨架結構維持	increased tau phosphorylation; mitochondrial and autophagic dysfunction; decreased neurite outgrowth and abnormal neurogenesis 增加 tau 磷酸化；線粒體和自噬功能障礙；減少神經突向外生長和異常神經化	breast, prostate; renal, thyroid 乳房，前列腺；腎，甲狀腺
PARK2 / Parkin **PARK2 / 帕金**	synaptic transmission and dopamine release; ubiquitination and protein degradation; mitochondrial maintenance; tumor suppressor 突觸傳遞和多巴胺釋放；泛素化和蛋白質降解；線粒體維持；腫瘤抑制因子	mitophagy, mitochondrial transport and morphology defects; dysfunctional UPS; buildup of cyclin E and β-catenin, upregulation of Wnt and GFR-AKT pathways 線粒體自由基，線粒體轉運和形態學缺陷；功能失調的 UPS；細胞週期蛋白 E 和 β- 連環蛋白的積累，Wnt 和 GFR-AKT 通路的上調	cervical, lung, colorectal, gastric, melanoma, endometrioid; glioma 宮頸，肺，結腸直腸，胃，黑色素瘤，子宮內膜樣；膠質瘤

PARK6 / PINK1 **PARK6 / PINK1**	serine/threonine kinase in mitochondria; mitochondrial fusion/fission regulation; mitochondrial damage sensor, mitophagy and autophagic control; cell cycle regulation; synaptic plasticity and dopamine release 線粒體中的絲氨酸／蘇氨酸激酶；線粒體融合／裂變調節；線粒體損傷傳感器，線粒體自噬和自噬控制；細胞週期調節；突觸可塑性和多巴胺釋放	increased tau phosphorylation; mitochondrial dysfunction, fragmentation; increased mitophagy; impaired synaptic plasticity 增加 tau 磷酸化；線粒體功能障礙，碎裂；線粒體自噬增加；突觸可塑性受損	breast; glioma, ovarian 乳房；膠質瘤，卵巢
PARK7 / DJ-1 PARK7 / DJ-1	oxidative stress protection; redox-sensitive protein chaperone; transcriptional regulation, mitochondrial regulation 氧化受壓保護；氧化還原敏感蛋白伴侶；轉錄調控，線粒體調控	increased oxidative stress sensitivity; reduced complex I activity in mitochondria; increased tau phosphorylation 增加氧化應激敏感性；減少線粒體中的複合物 I 活性；增加 tau 磷酸化	breast; lung; pancreatic; gastric; prostate 乳房；肺；胰腺；胃；前列腺
MAPT / Tau **MAPT / Tau**	microtubule-associated protein, tubulin polymerization, scaffolding protein; growth factor signaling; synaptic regulation 微管相關蛋白，微管蛋白聚合，支架蛋白；生長因子信號傳導；突觸調節	hyperphosphorylated tau, major component of neurofibrillary tangles; synapse degeneration 過度磷酸化的 tau，神經元纖維纏結的主要成分；突觸變性	prostate; breast; epithelial ovarian 前列腺；乳房；上皮卵巢
APP / APP APP / APP	synapse formation and maintenance; trophic activity, neurite growth, axon pruning 突觸形成和維持；營養活動，神經突生長，軸突修剪	mutations lead to Aβ peptide and amyloid plaques 突變導致 Aβ 肽和澱粉樣斑塊	myeloid leukemia; testicular 髓樣白血病；睾丸

圖表 4c (ii) 常見的柏金遜症家族性遺傳基因

（參考資料：D'Amelio et al 2009）

Familial Forms of PD			
Type	Loci	Gene	Inheritance
PARK1	4q21-23	α-synuclein	AD
PARK2	6q25.20-27	parkin	AR
PARK3	2p13	unknown	AD
PARK4	4q21-23	α-synuclein	AD
PARK5	4p14	UCH-L1	AD
PARK6	1p35-36	PINK1	AR
PARK7	1p36	DJ-1	AR
PARK8	12p11.2-q13.1	LRRK2	AD
PARK9	1p36	ATP13A2	AR
PARK10	1p32	unknown	SP
PARK11	2q36-37	unknown	AD
PARK12	Xq21-25	unknown	SP
PARK13	2p13	Omi/HtrA2	AD?

AD = autosomal dominant 顯性遺傳染色體

AR = autosomal recessive 隱性遺傳染色體

SP = sporadic 無定性遺傳染色體

4.3 總結及未來發展

從未想過柏金遜症和癌症會有什麼關連，直至患了胃癌，我開始閱讀有關柏病和癌症的資料，才知道這兩個惡疾的發病基礎可能是源於同一個基因突變源頭，這啟動了柏金遜症和癌症的病變機制，使基因攜帶者發病。圖表 4d 簡單地解釋這兩個病症的病變機制過程。

圖表 4d 腦退化症及癌症發病過程

（參考資料：Gaber 2010）

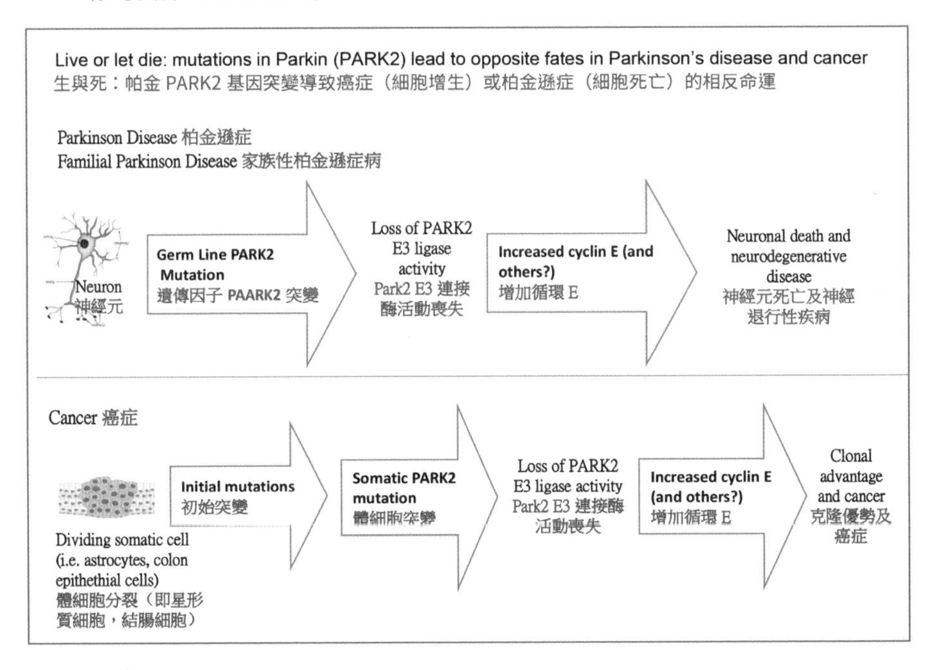

環境、種族文化和生活習慣都可能導致遺傳基因變異，而基因變異改變了蛋白質營養額和線粒體功能，可能導致柏金遜症及癌症病發。在致病的過程中還需要其他的基因變異以及危險因子的存在，造成柏金遜症與癌症之間聯繫過程的融合。這些因素都提供了新的治療角度，有助研發新的治療方案，讓我們可以更有效地預防這兩種病的發生。

目前，我們只能靠藥物控制柏金遜症的病徵。柏症遺傳基因的出現，擴闊了研究治療新方向，包括：

（1）將研究重點轉移到反細胞退化，針對健康基因的變異原因，進行神經保護性藥物的研發，增強抵禦細胞死亡；

（2）進一步探討環境因子和遺傳因子在柏症致病的交互作用機轉中扮演的角色，並提供研究柏金遜症及癌症這兩種與年齡有關的疾病新的途徑。

參考資料：

圖表 4a 柏金遜症與癌症發病關連的研究報告參考資料 (1-14)：

[1] Lin P.Y., Chang. S.N., Hsiao T.H., Huang B.T., Lin C.H., Yang P.C. "Association between Parkinson Disease and Risk of Cancer in Taiwan". JAMA Oncol. 2015, 1(5):6330-40.

[2] Ong E.L.H., Goldacre R., Goldacre M. "Differential risks of cancer types in people with Parkinson's Disease: a national record-linkage study". Eur J Cancer. 2014, 50:2456-62.

[3] Wirdefeldt K., Weibull C.E.M., Chen H., Kamel F., Lundholm C., Fang F., et al. "Parkinson's disease and cancer: a register-based family study". Am J Epidemiol. 2014,179:85-94.

[4] Rugbjerg K., Kathrine R., Soren F., Lassen C.F., Beate R., Olsen J.H. "Malignant melanoma, breast cancer and other cancers in patients with Parkinson's disease". Int J Cancer. 2012;131:1904-11.

[5] Kareus S.A., Figueroa K.P., Cannon-Albright L.A., Pulst S.M. "Shared predispositions of Parkinsonism and cancer: a population-based pedigree-linked study. Arch Neurol. 2012, 69:1572-7.

[6] Fois A.F., Wotton C.I., Yeates D., Turner M.R., Goldacre M.J. "Cancer in patients with motor neuron disease, multiple sclerosis and Parkinson's disease: record linkage studies". J Neurol Neursurg Psychiatry. 2010, 81:215-21.

[7] Lo R.Y., Tanner C.M., Van Den S.K., Albers K.B., Leimpeter A.D., Nelson L.M. "Comorbid cancer in Parkinson's disease. Mov Disord. 2010, 25:1809-17.

[8] Becker C., Brobert G.P., Johansson S, Jick S.S., Meler C.R. "Cancer risk in association with Parkinson disease: a population-based study: a population-based study. Parkinsonism related disorder. 2010, 16:186-90.

[9] Driver J.A., Logroscino G., Buring J.E., Gaziano J.M., Kurth T.A. "A prospective cohort study of cancer incidence following the diagnosis of Parkinson's disease. Cancer Epiemol Biomarkers Prev. 2007, 16:1260-5.

[10] Olsen J.H., Friis S., Frederiksen K. "Malignant melanoma and other types of cancer preceding Parkinson disease". Epidemiology.2006, 17:582-7.

[11] Olsen J.H., Friis S., Frederiksen K., McLaughin J.K., Mellemkjaer L., Moller H. "Atypical cancer pattern in patients with Parkinson's disease. Br J Cancer. 2005,92:201-5.

[12] Elbaz A., Peterson B.J., Bower J.H., Yang P., Maraganore D.M., McDonnell S.K., et al. "Risk of cancer after the diagnosis of Parkinson's disease: a historical cohort study". Mov Disord. 2005, 20:719-25.

[13] Minami Y., Yamamoto R., Nishikouri M., Fukao A., Hisamichi S. "Mortality ad cancer incidence in patients with Parkinson's disease". J Neuro. 2000, 247: 429-34.

[14] Moller H., Mellemkjaer L., McLaughlin J.K., Olsen J.H. "Occurrence of different cancers in patients with Parkinson's disease". BMJ. 1995, 310:1500-1.

[15] D'Amelio, Ragonese, Sconzo, Aridon and Savettieri, "Parkinson's disease and cancer insights for pathogenesis from epidemiology", New York Academy of Sciences, 2009.

[16] D. Feng, W. Cai, X. Chen, "The associations between Parkinson's disease and cancer: the plot thickens", Translational Neurodegeneration, 2015.

[17] K. Garber, "Parkinson's disease and cancer: the unexplored connection"' New JNCI Vol 102, Issue 6, 17.3.2010.

第 5 章　治理柏金遜症

整體治理，以患者為中心，提升柏友自我照顧能力

5.1 柏金遜症個人化整體治理

柏金遜症是一個腦部神經退化症，對患者的身心健康影響廣泛，包括多個主要運動（例如走路、伸展力量和平衡能力）及非運動（例如思維分晰、說話表達能力、睡眠質素與分量、幻覺、情緒狀況等）範疇的障礙，對患者日常生活自理的能力構成很大影響。

所以治療柏金遜症不能單靠藥物，而是需要針對病人最感煩憂的徵狀，設計一個個人化的整體治理方案。換句話說，對柏金遜症而言，並無一個標準或最佳的治理方案。反之，應視病人的不同柏症階段、不同的病徵來設立對病人有幫助的方案計劃。這個方案必得囊括以下四個方向：

（1）藥物治療
（2）運動訓練
（3）言語訓練
（4）情緒治療

目前並無被證明可停止或減慢柏症退化的方法，各類治療都只是針對患者最感煩惱的病徵。藥物左旋多巴有助舒緩柏金遜症病徵，但卻會導致病人身體上的各樣不協調，呈現不自主動作。同時，左旋多巴的舒緩效果並不持久，當每次藥效消退時，徵狀會再次出現。所以，不能單靠藥物，還要加入運動訓練，包括物理及職業治療，目的是加強患者的伸展能力及平衡能力，以減輕緩慢和僵硬。

物理治療是透過物理媒介和原理，例如利用電能、水力、冷凍、熱能、光波、磁力運動等，配合應用生理、心理、病理和解剖科學，從而達到治療病患，恢復身體活動功能，提升身體活動能耐，改善及加強日常生活或工作能力，提高生活質素。

職業治療師透過各項精心設計及具治癒價值的活動及生活重整方法，促進病人在感官、四肢控制協調、思維及社交情緒各方面的康復，繼而提高病人在自我照顧、日常家居操作、善用餘暇等各方面的獨立能力，改善病人的生活質素。

除了運動障礙，柏金遜症患者因為肌肉控制問題，同樣影響口腔和所有負責說話及吞嚥的肌肉，所以患者會有說話不清、吞嚥困難等障礙。其實大多數柏金遜症患者的頭腦是清晰的，往往只是聲線和發音出現問題，影響溝通。

研究顯示高達八成的柏症患者有不同程度的「低運動性言語障礙」：患者初期多先出現聲線不足和沙啞問題，繼而影響說話清晰度，最後缺乏聲調高低抑揚和說話不流暢。另外，不少患者面部肌肉僵硬，導致缺乏表情，容易令人誤會所表達的情緒和意思。部分患者語速會變得過快，說話停頓位置不當，甚至出現類似「口吃」的現象。

現時針對柏金遜症患者的言語治療有以下幾個類別：

（1）大聲聲線治療法（LSVT-Loud）
（2）呼氣肌肉強化訓練（EMST）
（3）清晰說話治療（Clear Speech）
（4）延遲聽覺回饋（Delayed Auditory Feedback）
（5）節奏控制（Rythem Control）

同時，很多柏友都會有情緒低落，導致失眠、發夢、有幻覺等。這些表現可能是因為患上柏病所致，更可能是柏病藥物帶來的副作用。一直以來，不良情緒都是柏病患者的大敵，假若我們能安心平靜地接受現實，改變心態，持續向前，接納與柏金遜症同行，情緒問題定會迎刃而解。準備合適的運動（如太極、正念瑜伽），設立適當的期望，並付諸行動，持之以恆，才能有望控制好病情。

5.2 治理與治癒，提升柏友自我照顧能力的五個重點

柏症病徵對患者最主要的限制是活動障礙，至今還沒有任何方法能治癒，所有方法都是希望能減慢腦部的退化及病情的惡化。因此，我們用「治理」（managing）而不是「治癒」（curing）來形容柏金遜症的治療。就此，2019 年多倫多大學 Susan Fox 教授指出柏症患者想提升自我照顧能力，要注意五項重點。圖表 5a 概括了教授所說的重點及實踐要訣。

圖表 5a：提升柏金遜症患者自我照顧能力的五個重點

重點	實踐要訣
1. 恆常運動	· 每天做 30 分鐘運動，並持之以恆，長遠會帶來好處。 · 挑選容易、簡單、直接的運動（例如步行、跳舞）。 · 挑選有特定韻律、活腦功效的運動（例如：太極、跳舞）。 · 伸展肩膀周圍的肌肉、關節及筋腱，保持肩膀靈活。
2. 服藥須知	· 善用藥盒，分開每天不同時間要服的藥，確保服藥準時準確。 · 餐前 30 分鐘空腹服用，吸收最佳。 · 用有氣的水送服藥物，可促進吸收。 · 善用服藥手冊，覆診時帶給醫生看。 · 服藥手冊記錄內容： (a) 服藥名單，包括自己購買的藥品及營養補充品 (b) 藥物開關時間及長短 (c) 服藥及病情問題

3. 防止便秘	· 左旋多巴服用後，在腸道吸收，處理好便秘，藥物的吸收較好，有助控制病徵。 · 防止便秘方法： (a) 恆常運動 (b) 飲足夠水分 (c) 進食大量蔬果 (d) 有時可能需要用軟便劑或瀉藥輔助
4. 生活有序	· 腦部不喜歡無序生活所帶來的驚喜。 · 柏友生活必須十分規律：進食有時、睡覺有時。 · 作息定時能令病情容易受控；作息時間變動後，會出現病情變差。 · 注意健康飲食事項： (a) 營養均衡不偏食 (b) 吃大量蔬果 (c) 選雞、魚、瘦肉及瘦牛肉的蛋白質食材 (d) 吃全穀類食物 (e) 要多喝水，有助防止便秘
5. 維持社交圈	· 柏友千萬不要因感到行動不便，而孤立自己。 · 柏友要多參加活動。活動期間，有傾有講，正是很好的活腦及活聲活動。 · 柏友的家人和朋友在患者身邊，跟患者同行，給予支持，功不可沒。
其他注意事項 · 需要補充維他命 D 或鈣質嗎？ · 有失眠問題嗎？	· 研究指柏友體內維他命 D 水平偏低，屬骨折高風險人士，問醫生是否需要補充維他命 D 或鈣質。 · 柏友常有睡眠問題，原因包括： (a) 病徵在晚間變得嚴重 (b) 睡前不久才服藥，可能造成刺激作用 (c) 晚間尿意頻密打擾睡眠

隨著時間的過去，柏症徵狀會越來越多及越來越嚴重，疼痛變得更加鋒利難受。所以不少病歷深的柏友都曾經用過一些民間手法或另類舒緩手法，如氣功、針灸、推拿和穴位按摩等來舒緩柏症帶來的運動及非運動障礙徵狀的不適。近年更有原始點按壓、營養補充食品及聲稱可減輕柏金遜症徵狀的不同類型保健儀器。

上述的四個治理柏金遜症方向是需要互相配合，由患者自己承擔管理責任，才會達致預期效果。除了物理、職業、言語治療是外來協助，其他的都需要患者本人的努力才可達到目的。自我照顧的目標是以患者為中心，改變自己的心態及生活模式，多加休息和運動，再配以均衡飲食，提升身體健康質素，提升對抗柏病的能力，延遲退化。

以上一切，都只是舒緩手法，均只能治標，未能治本，柏友的希望全放到手術治療上。

5.3 治療柏金遜症新方向

5.3.1 重組腸道細菌

在 2016 年美國科學家首次發現柏金遜症跟腸臟微生物菌群的生物有聯繫。他們相信腸胃中的細菌會釋放化學物質，觸發腦部中的病變。細菌能把纖維分解成短鏈脂肪酸，這些化學物質的失衡，相信或會致使腦部中的免疫細胞受到損害。科學家希望消化系統的藥物甚或是抗生素，未來可以成為醫治柏金遜症的新藥，為患者帶來新希望。

5.3.2 幹細胞移植治療

柏金遜症的起因，是腦中名為「黑質」的部位內的多巴胺神經細胞（又稱神經元）死亡所致。多巴胺神經細胞長有長長的分岔，這些分岔會伸入附近叫「紋狀體」的地方，充分地包圍這些紋狀體。多巴胺神經細胞的分岔末端，會分泌多巴胺到「紋狀體」，從而令人有活動等能力。理論上，只要把活的多巴胺神經細胞移植到腦部適當部位，替代死去的多巴胺神經細胞，發揮多巴胺分泌功能，活動障礙問題就得到解決。

把人體組織移植到柏金遜症患者腦部，以取代衰亡的多巴胺細胞，科學家在上世紀七八十年代已開始研究。最初時是直接移植胎兒的中腦組織，至近年開始研究利用人類胚胎幹細胞，及研發誘導性多功能幹細胞作為細胞移植的來源。

如果移植的幹細胞在腦中存活，長期生長，更換死去的神經細胞，柏金遜症便可期望得到根治。病者的神經細胞修復後，可以自行製造多巴胺，不需要再依賴藥物。自體幹細胞移植醫治柏金遜症的研究已到臨床測試階段，希望在不久之將來，給柏友帶來好消息。

5.3.3 深腦刺激手術（DBS）

深腦刺激術（Deep Brain Stimulation，簡稱 DBS）是一種在腦中植入電刺激裝置，藉著產生電流來控制及調節腦內不正常的生理電訊息，而達到控制柏金遜症運動症狀的腦部手術。目前深腦刺激術最常應用於柏金遜症患者的治療，可有效消除柏金遜症患者的運動症狀。

5.4 我的 DBS 手術

5.4.1 一波三折的手術輪候過程

念頭萌生又打消

在 2017 年的一次柏金遜症專科門診覆診中，我向醫生提到我想做 DBS 手術，當時醫生的回答是這樣的：「你別想了，你的身體這樣差，暫時不適宜做 DBS 手術的！」

因為胃癌，我在 2016 年 6 月做了全胃切除手術，因始身體的消化及吸收食物營養的功能下降了不少。當時，我的體重不足 90 磅，很多柏友都為我過於消瘦的身軀和虛弱的體魄而擔心。

又過了一段日子到 2018 年初，當時我患柏金遜症已有很長的一段日子，柏症徵狀已達資深程度，藥效越來越短，活動能力和日常生活自理都覺得時有困難，想做 DBS 的念頭再次在腦中泛起。但 DBS 始終是一個大手術，再且 DBS 只能治標，不會治本。再加上醫生 2017 年的話，我做 DBS 的念頭就給打消了。我把應付柏金遜症的精神力氣再次放回到怎樣延長左旋多巴的藥效，減低食藥的分量和次數，以求減輕不自主動作的發生。

希望再度燃起

沒有 DBS 牽掛在心中，心情倒輕鬆多了，轉眼又捱過一段頗長的行動不自如又經常「死火」的艱難日子。在 2018 年大約 5、6 月期間，在我覆診上消化道外科專科時，醫生從病歷知道我患有柏金遜症，他問我有沒有聽過 DBS 這個手術，他覺得 DBS 可能會減輕我的柏病病徵。我告訴他 2017 年那次柏金遜症覆診時醫生說的一番話。他露出一個驚訝的表情，接著就二話不說給我寫了一封轉介信，要求相關專科部門替我進行 DBS 手術評估。

坦白說，我確實感到有點詫異，同時心中抱有勝利的感覺。我昂起頭、充滿喜悅地帶著轉介信到腦外科專科登記處排期。這個期一排就是 10 個月，充滿希望的我，只好將這把再度燃起的火又一次暫時隱藏。

初步理解手術

2019 年 2 月 13 日對我來說是個大日子，是 DBS 手術團隊成員與我見面作初步評估的日子。威爾斯親王醫院將這個預約分類在活動障礙綜合科專科，包括腦內、外兩科專科醫生應診。

圖表 5b 深腦刺激術工作原理

深腦刺激術用於幫助控制震顫和持續運動障礙。微細的電極通過手術植入大腦，並通過皮下導線連接到植入鎖骨附近皮膚下的神經刺激器。

電極導線

電極導線是由細微的絕緣盤繞線造成。Medtronic DBS 37642 型號的電極導線每根長 40 厘米，以四個闊 1.27 毫米的圓柱體電極結束，每個電極分隔 1.5 毫米，向目標區域提供刺激。

醫生可以通過手持式裝置，在體外經病人的神經刺激器，對其神經刺激系統進行編程和調教。

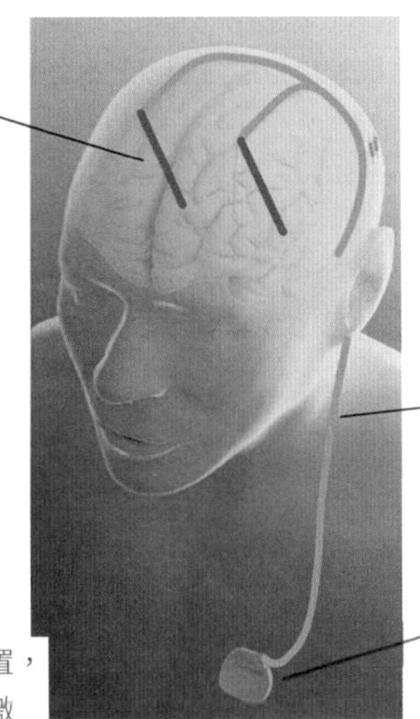

延長導線將導線延長連接到神經刺激器的絕緣線。

延長導線

神經刺激器

神經刺激器是一種類似起搏器的裝置，控制電池和電路以產生電信號，並將電信號經導線傳送到大腦深處的目標結構。

打開診症室門，一眼就看到腦內科馬嘉欣醫生、腦外科朱獻倫醫生和 DBS 調教專家劉嘉儀姑娘。三位專家同場會診，毫不簡單。他們詳細地問我有關我的柏金遜症病歷及近況，藥物服食情況及控制病情效能。最後，他們還檢視我的整體反應、步姿及行走時轉彎的情況。接著他們解釋 DBS 手術的過程，團隊的組合、所需的預備測試和 DBS 未能針對或減輕的柏金遜症徵狀。解釋非常清晰詳盡，他們還給我一本關於 DBS 的小冊子和手術的 CD 磁碟。

最後，他們補充說我是否適合做 DBS 手術是取決於我對左旋多巴藥物的反應、穩定的心理狀態及良好的腦神經功能。要待集齊所有測試結果後，他們的團隊便會開會，商議我是否適合做手術，還說下次覆診時就會有決定。

手術深入評估

初步診斷後，第二次覆診竟然是一年半之後，日期是 2020 年 8 月 5 日，可見正在輪候做 DBS 手術的柏友可不少。在這段長久的等候期間中，我被安排做了腦部磁力共振掃描和我對左旋多巴藥物反應的測試。

8 月 5 日的第二次覆診，只有腦內科由陳然欣醫生代替上次應診的馬醫生，其它的兩位依舊是朱獻倫醫生和劉嘉儀姑娘。第一句說話是來自腦外科朱醫生：「我們團隊研究過你的測試結果，認為你是適合做 DBS 手術。」記著那位叫我不要考慮 DBS 的醫生，我的心驟然有一股暖流穿過，滿有勝戰凱旋回歸的感覺。朱醫生繼續說：「你的意願有沒有改變？你會接受做這個手術嗎？」既然有這個機會，一定先答應。當輪候到我時，再改變主意也可以。我給應診團一個帶著堅決語調的回答：「我會。」

這個戰勝的優越感只維持了一秒鐘，又給打沉了！腦內科陳然欣醫生，在靜靜的翻閱我的病歷。她淡淡然地說：「你最近幾次的驗血報告，我察覺到你的癌指數一直上升？」她把驗血報告中癌指數一項列出來。的確，數字一次較一次為高，指數還漸漸輕微超出理想水平！陳醫生說她要咨詢上消化道專科醫生的意見，才可決定會否替我做 DBS 手術，她擔心我癌症復發！

我的上消化道專科覆診日期被提前了，醫生再為我抽血驗癌指數及做了正電子電腦掃描，結果一切正常，活動障礙綜合科專科團隊才放心通過我進行 DBS 手術的申請。

手術終於來臨

評估後兩個月，在 2020 年 10 月 7 日，劉嘉儀姑娘致電告訴我醫生團隊安排了 10 月 18 日（星期一）替我做 DBS 手術。我要在 10 月 16 日（星期六）早上入院進行各種手術前預備測試。

手術終於要來了！由於 2019 新型冠狀病毒關係，醫院所有非緊急服務都受影響，真沒想到我的 DBS 手術會這麼快來到！

5c(i) 手術前要剃髮

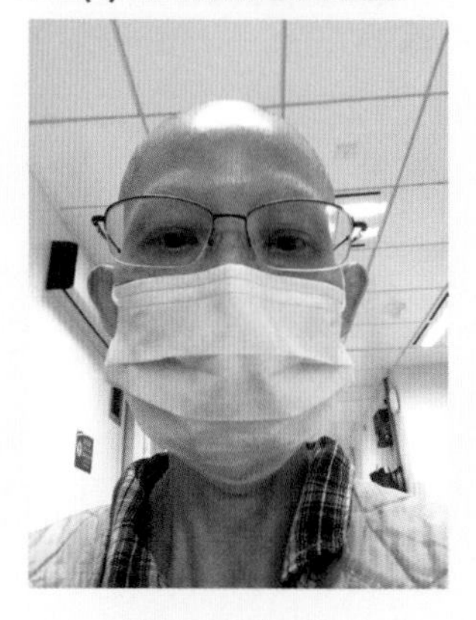

5c(ii) 頭骨開孔插入電極

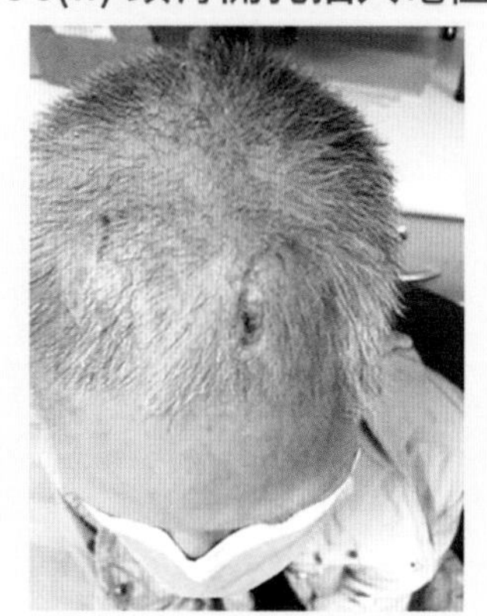

5.4.2 術後回想

在初患上柏金遜症時，DBS 似是一個很遙遠的考慮。年復一年地過去，在柏金遜症症狀加深，服用左旋多巴的效果不佳時，DBS 又似是一個迫切的選擇。DBS 的裝置昂貴，聽聞一套儀器高達二十多萬港元。雖然 DBS 手術有政府資助，但正在輪候的柏友可不少，想做 DBS 手術，按理都要等上好幾年。對病情像我惡化得快的柏友來說，數年的等候日子定會是一段十分痛苦難耐的日子。

從 2017 年開始考慮至 2020 年做手術，整整三年多的考量，我不斷訪問已做 DBS 的柏友，了解他們的情況和對 DBS 的看法。在這個階段的我，思想常處於做與不做手術的掙扎中。這種狀態在精神上替我構成一種無形的壓力及折磨。

在我來說，考慮做 DBS 這個手術，在不同階段有不同擔憂。初時我擔心手術風險高，自己的身體可能承受不了。DBS 始終是個大手術，通常需要一整天的手術時間，對病人體力及心理素質有嚴格要求。再且，DBS 只能治標，不會治本。我的心情忐忑，經常質疑這個險是否值得冒？

第二次覆診後，我最擔心的就是陳醫生所指的癌症情況，但自知擔心也沒有大用，要來的總要來！這個思維反而讓我可以心境平靜，沒有胡思亂想。

出奇地，我的手術日期比預期的早多了！最初，這個早到的手術日子曾使我想卻步，但仔細多想一層，我假若現在不接受，擔心他日評估不合格，連做手術的機會也沒有！不讓自己日後可能會後悔，我毅然勇敢地走進手術室。

感謝 DBS 團隊各成員，讓我願望成真，手術成功！

5.4.3 術後寄望

決定做 DBS，心內雖然擔憂忐忑，感覺卻滿是祝願與指望：

寄望術後有自由奔放的步履，

穩健輕盈的步伐；

寄望有與樂章節奏合拍的步風，

新的足跡印滿運動場館競道。

我要再次參加跑步訓練，

與久違的柏友跑友，相見於運動場上；

跑前跑後熱身拉筋，保護筋腱，不受損傷，
行跑時步步踏穩，步步奔放。

我要與口琴班學員師長，
聚首一堂，齊齊學習，齊齊練歌；
同場演奏樂章，
媚媚音色，悠揚動聽，知音掌聲佈滿全場。

我要重拾昔日自由旅途，遊遍世界各地；
吃喝玩樂，盡情享受。
坐上地度三輪腳踏車，
穿梭大街小巷，走遍街角，享盡美景。
喜與友人相遇於異地，分覺親切，
探悉近況，寒暄往事，互問家庭好；
一切舊事，皆是美好。

我要踏在大地的紮實，我要跳有花式的舞步，
旋轉著美姿妙韻的探戈；
我要有自信巧妙的步子滿場飛，顯現在人前。

全身麻醉 DBS 手術，讓我不致驚慌；
一覺醒後，帶著發病前的我的腳步，
拾回昔日有自信的我的神采。
寄願一切，終成事實！

5.4.4 DBS 柏友的兩個終生事務

樂與 DBS 同行

時間過得真快，轉瞬間，我做了 DBS 手術已經有一年多。與手術前相比較，手術開機後的日子輕鬆多了！我手術前的藥效開關問題、藥效短暫、在藥尾時段不能走動、在服藥後及藥散時的不自主動作，都一一消失。最令我感到興奮的就是：現在的我，無論在任何時刻，都可以起步行走，再不需要在徬徨中等待藥效啟動，才能出門上街，人也變得有自信了。

成功的 DBS 手術

很多人以為把電極導線植入深腦預定的目標，就是一個成功的 DBS 手術。其實插中預定目標並不是 DBS 手術唯一的指標，而只是成功的開始，一個成功的 DBS 手術，還需要以下的因素配合，包括：

· 病人是一個符合做 DBS 手術的人選
· 手術團隊對所採用的電極導線型號及規格有徹底的了解及認識
· 手術團隊擁有一套最佳標準化的「調教神經刺激器」的編程方法

一個適合做 DBS 手術的柏友，先決條件是他要對左旋多巴藥物有反應，否則，即使其他適合的因素都符合也沒有用。電極導線的型號及規格影響調教刺激器時可用的格式及內容。有一套標準化的調機編程，可以減低不同人在調機上判斷的差異及縮短調機的時間。要達到預期效果，這些因素，缺一不可。

調教神經刺激器

對 DBS 病人來說，調教神經刺激器（即柏友所說的「教機」）只是一個電激強弱的參數。這個參數實質上是代表什麼？一個細的參數是否比一個大的參數理想？一個需要較細電流就可以有預期運作成效的電極導線插入點，是否較一個需要較大電流的插入點更接近預定目標？這個插入點的遠近又會否影響 DBS 的效果？種種問題顯示調教神經刺激器實在是一項很複雜及專門的學問。電激的成效，除了需要考慮電激點與目標的距離外，還要考慮電激的方向、傾斜度、播散程度、形狀、深度、肌肉阻力及柏病的深化轉變等等。要得到好的調機效果，投入時間是必然的。因此，在手術前，DBS 手術團隊也要求病人承諾會配合調機所花的時間。

由於變數繁多，想要有好的效果，隔一段時間微調病人的 DBS 刺激器是需要的，一點也不能苟且。對做了 DBS 手術成為「機動部隊」一員的柏友來說，適量調教 DBS 刺激器是很重要的，並且要持之以恆，直至人生畢業的一刻，排在終生事務的第二位。

小心慎防跌倒

排在終生事務第一位的，便是比「調教神經刺激器」更重要的「小心慎防跌倒」。失平衡跌倒是柏友的大敵，是一件可以帶來極之可怕後果的事情！就像我今次跌倒，造成右手肘和右手尾指骨折。這次的一跤，傷勢可不輕哦！在同一個手肘傷處，我先後做了三次需要全身麻醉的手術。直到現在，我的手肘還未完全康復，仍然是彎的，無法伸直。

倘若手術後我沒有跌倒，造成骨折，我想我可以用「如魚得水」來形容術後我的狀態。我可以隨時獨自外出逛遊，在家中自由自在地行走！相熟的柏友都私下問我這次跌倒是否與做了 DBS 有關。回想跌倒時的情況，我真的不知道是什麼導致我失去平衡，但我可以肯定是與 DBS 手術無關。術後，我一直都感到腳步很扎實。我開玩笑的說：「嫉妒人的天，總是這樣子，當你正在欣喜重獲站起來走路的能力之際，它就偏要你跌倒」！

在小巴站跌倒那天正是我們計劃搬屋的前三天，一星期以來，我天天都忙着整理衣物和清潔家居。我想可能是身體過於疲勞，狀態欠佳，走路時又不專心，邊走邊掛念著要買東買西的。不夠留神，一腳踏在有些微下陷的地面，就跌倒了。我不但不能依期搬屋，我差點兒還要留在醫院度過農曆新年。

往好的方向想，幸好跌倒受傷的是右邊身體，如果先著地的是另一邊身體，情況就更不堪設想了，可能連當時剛裝上不足三個月的 DBS 裝置也要報銷。所以，不要恃着與 DBS 同行，「識行識走」就不會發生跌倒意外。麥潔儀教授的研究已指出，活動愈多，跌倒的機會愈大。所以，裝了 DBS 的柏友，在享受與 DBS 同行的自由自在之際，緊記要繼續小心，慎防跌倒。

小心慎防跌倒，是所有柏友的首個終生事務；而調教 DBS 刺激器則是做了 DBS 手術的柏友，在慎防跌倒首位終生事務之後的第二個終生事務！

5.5 關於 DBS 手術

運動障礙組

在威爾斯親王醫院，柏金遜症是運動障礙科病症，DBS 手術是由運動障礙手術組團隊負責。對在手術床上的病人來說，團隊中的每一位成員，都是隊中重要的一員，他們是將微電極植入病人腦部的團隊，操控著病人術後的喜與悲。當然，團隊定會竭力把微電極插到腦部預期的最佳位置。

DBS 個案

深腦刺激術（DBS）是法國 Grenoble 大學的 Alm-Louis Benabid 及 Pierre Pollak 兩位教授發明，他們的研究早在 1991 年於醫學期刊《刺針》發表。香港的第一個 DBS 案例是在 1997 年 1 月發生，這個案例也是亞洲的第一個 DBS 案例。自 1997 年開始至今，二十多年來，威爾斯運動障礙組團隊親手主理過接近 200 宗 DBS 個案，經驗非常豐富，是一隊合拍、有默契的 DBS 手術團隊。由他們做手術，病人可以放心。科技進步快速，DBS 手術漸趨成熟，今天在各國都有應用，至今全球累積 145,000 個個案。

在四十年代後期至六十年代嬰兒潮出生的一群人，現正步入壯年，人口老齡化也使患柏金遜症的人數急增，全球約有 610 萬柏金遜症患者。單在美國，柏金遜症患者高達 100 萬人，每年新確診個案 60 萬人。在中國和香港，患者人數則分別是 170 萬和 1.2 萬。根據香港柏金遜症會資料，患者會員人數每年遞增。在 2014 患者會員人數是 883 人，2020 增至 1,017 人，7 年間，增幅為 15.2%。患者會員平均年齡為 67 歲，男性比女性多。全球患者有年輕化趨勢，在 50 歲前發病的年輕患者（young onsets or early onsets）是總患者人數的 4%。柏金遜症是個漸進惡化的疾病，不會影響病人壽命，過早發病，會對醫療體系構成沉重負擔。

香港醫院管理局資助 DBS 手術

在 1997 年，DBS 手術得到美國食品藥品監督管理局證可，成為政府資助手術。不少正處於蜜月期後階段的柏友，經過柏病的長期煎熬，已變得務實，不再奢望柏症可以得到根治。後期柏症徵狀確實很難受，即使 DBS 手術風險大，又只能治標，未能治本，只要手術可以舒緩病徵，始終比什麼都不做為好。因此，不少柏症病人最終覺得 DBS 也是值得考慮。

再者，醫學界陸續有研究顯示，DBS 在應用上有效改善柏症徵狀，而且很多個案顯示療效可能長達 10 年，是預期 5 年的兩倍。更有研究指出，如果在出現早期運動失能副作用階段時，便使用深腦刺激術與藥物作結合治療，效果會更好。因此，DBS

儀器雖然昂貴（約 HK$150,000-200,000 一套），治療柏金遜症效果確實超卓。在 2011 年 8 月，香港政府把 DBS 手術及儀器費用列入醫療資助範圍。奈何資源有限，資助不夠充裕，柏友想做手術，除了要符合嚴格的要求，還多需要輪候數年。

DBS 手術可做到的

DBS 手術不能治本醫好柏金遜症，卻能治標，減輕柏金遜症病徵的嚴重性。據 Richard Ogbuji 醫生在 2021 年 9 月的一個關於柏金遜症的 Zoom 會議講座中解釋，一個成功的 DBS 手術，可以整體減輕不少於 50% 的柏症徵狀（參閱圖表 5d）。單以電極導線的植入點與預定目標的距離差異為手術成功的唯一指標，未必為大部分患者所能明白。圖表 5d 列出的其他指標則較為具體客觀，患者容易明白及套用於自己情況。圖表 5d 亦指出一個重要訊息：沒有一個徵狀指標能得到 100% 完全解決。

圖表 5d ： DBS 手術成功減低柏金遜症患者的徵狀比率

效益維持 5 年或以上：

· 減少運動障礙 60-70%
· 減少口服藥物 45-58%
· 減少震顫 75-8%
· 減少運動遲緩 50-60%
· 降低身體僵硬 60-70%
· 提高有藥效時間 50-70%
· 減低無藥效時間 60-70%

成立「術後支援小組」

隨著柏金遜症病情發展加深，選擇做 DBS 的柏友與日俱增，不少柏友仍然在術前評估階段，等候手術時機。有見及此，柏會在 2015 年 9 月，成立「術後支援小組」，增強對這些已做 DBS 手術的「過來人」及正在輪候做 DBS 手術的「未來人」的關懷和支援。小組透過定期聚會、專題講座和交流活動，鼓勵成員積極社交、互相分享經驗，提升術前或術後信心。

「術後支援小組」又名「機動小組」。這個小組成員的左邊鎖骨皮層下都裝了柏友稱為「機」的 DBS 神經刺激器，這部「機」使他們能走能跳。做了 DBS 的柏友喜歡稱小組為「機動小組」多於「術後支援小組」。「機動」，就是機械引發行動能力的意思。

參考資料：

[1] Fox, S.，《柏友新知》，2019 年 1 月，49 期，頁 4-5。

第 6 章 當柏金遜症晚期將要到來時

舊興趣，新玩意，持續參與，保持活躍

在柏金遜症晚期將要到來時，雖然我們的活動能力受到更多限制，但是我們還是要持續參與，保持活躍，繼續追尋夢想。在晚期柏金遜症將要到來時，我們柏之韻口琴隊還在持續嘗試新事物，勇敢接受新挑戰。新的元素為我們帶來改變，帶來新氣象，帶來更豐盛的人生！

緊記，夢不是想出來的，而是做出來的。坐言起行，將夢想打造成事實！

6.1 從陳會長的一句話，新觀柏之韻口琴隊

2017 年 12 月 16 日晚，樂逍遙口琴隊在香港大會堂高座 8 樓演奏廳舉行他們的週年音樂會，柏會柏之韻口琴隊也被邀請參加。這次是柏之韻口琴隊第二次應樂逍遙邀請，在他們的週年音樂會表演。

圖表 6a 柏之韻口琴隊在樂逍遙週年音樂會表演

這晚我們琴隊的演出非常成功。是次的演出是我們歷來最出色的一次，贏得的觀眾掌聲亦是全晚最多、最響亮的。每個成員都興奮至極，導師也為琴隊的成就感到點點自豪。

兩次的音樂會表演我都有參加。樂逍遙口琴隊主席陳錦添先生在兩次音樂會的介紹中，都鄭重提到：「不要小看一個細細的口琴，患有柏金遜症的朋友要克服的可不少，才能吹出一首歌……」真佩服陳主席，他的話顯示他確切地明白我們柏友在學習控制呼吸、持琴、運琴等方面的困難。

與去年比較，我們的口琴隊有多樣的改變。只短短一年，柏之韻口琴隊的陣容強大了，伴奏模式及樂器應用也增多了。琴隊的參與者由初期的九人增至現時的二十四人。人數多了，我們可使用的伴奏樂器選擇也多了，除了搖鼓和結他，導師還加入鋼片琴、夏威夷小結他和卡祖笛子作伴奏。人數多了，導師更能就我們的能力分配演奏部分。這些變化，不但擴闊隊員對音樂的認識，還讓琴隊的表演更精彩。

柏之韻口琴隊成立將近 8 年，有這樣的成績全賴各方的積極努力，而維系這份「積極努力付出的力量」就是導師與學員和學員與學員之間的真誠愛心關懷、無間斷的團結合作與互助互諒、從經驗中學會的靈活應變和克服病患限制的決心。

陳主席的一句話彰顯了口琴隊隊員的片片頑強毅力，從口琴延伸至其他樂器！

6.2 音樂多角度：新力軍、新里程

在 2017 年年中，程 Sir 打算要放半年大假。放假前，他邀請新義務導師石建悟先生（石 Sir）代他上口琴課。

口琴導師「新力軍」，多才多藝「石大哥」

其實，我們與石 Sir 早有一面之緣，在「中環聖誕報佳音 2016」我們已認識他。那時，我們叫他「石大哥」。猶記得當時在報佳音的演奏，「石大哥」並不是吹口琴，他是彈吉他替我們伴奏。那晚，我覺得他很威風有型，他肩斜背著電吉他，

身體跟著樂聲搖擺，眼睛機靈地四處瞄望。他不需要看樂譜，把一首又一首的聖誕樂曲旋律不停的彈奏著。我心想石大哥真厲害，只一支吉他的聲量，就足已為我們二十多隻口琴同時伴奏，配襯出美妙音調，恰當有餘！

圖表 6b 由左至右：車太、石 Sir、車生、石太。車生是口琴隊隊員，亦是導師。車生及車太是琴隊的超班馬。

及後，我們才知道石 Sir 是個音樂發燒友，有自己的樂隊，音樂知識廣；由管樂、弦樂至敲擊樂，樣樣皆通，無一不曉。除了彈吉他、吹薩克管和口琴外，他還會打鼓和拉大提琴，多才多藝，可說無一種樂器能難倒他。稱他為音樂通才，石 Sir 當之無愧。

期望高一分，收獲多一份

石 Sir 的教授模式對我們來說則略顯有點急進，以致指示有時不夠清楚，他著重自然表達，自由發揮。我們起初並不習慣，覺得他似乎未明白我們柏友的病況，對我們這班柏友學生的期望有點兒過高。他每堂都給我們 3 至 4 首新歌，每首歌曲的曲譜除了口琴部分，還包括伴奏部分。很多時候，我們就連口琴部分都吹不好，更何況還要明白伴奏部分，及主旋律與伴奏兩者之間的接連關係呢！幸好，我們班中亦有勇於接受挑戰的「超班馬」學生。石 Sir 給我們的新歌，「超班馬」務必在一星期內學會，他們更會不時上網搜尋自己喜歡的歌曲自學。這些「超班馬」的衝勁漸漸影響及帶動了整個口琴班，使班裡的學習風氣濃厚起來，這個收獲是我們意料以外的。

兼學伴奏樂器，增加樂理知識

因為琴隊的表演多以合奏為主，所以歌曲吹奏時的一致性非常重要，石 Sir 對我們處理拍子準成的要求特別嚴謹。石 Sir 在任教後不久便送給我們每人一對鼓棍，用來打柏子。這對鼓棍就成為我們第一件伴奏工具。

跟著，石 Sir 教我們彈奏夏威夷小結他，並用它來伴奏。由於夏威夷小結他跟口琴的演奏方式和樂譜的編排相差很遠，我們要花多些時間學習。石 Sir 便提早半個小時上課，用這半小時講解夏威夷小結他的樂理、樂譜和演奏方法。這樣，我們學習口琴的時間便不受影響。隨後，石 Sir 更增加鋼片琴和低音口琴作引領和伴奏，讓我們的演奏更加豐富，更具節奏感。聽說，稍後石 Sir 可能會把非洲鼓加入伴奏行列呢！

磨練積聚經驗，經驗帶來進步

在演奏方面，石 Sir 相信經驗就是最好的磨練，所以除了應外界表演邀請，他個人也非常積極地安排演出機會給我們。同時，他著意地鼓勵我們在演奏會中作小組及個人表演。他更不時為我們尋找喜歡的自選曲目，提升我們對表演的興趣。

過去一年，口琴班學員有大幅度進步，我相信進步的原因跟班中的濃厚學習氣氛和小組及個人表演的實行有莫大關係。小組及個人表演加強隊員練習的動力，繼而提升了隊員的琴技，大家的信心亦強大了不少。琴隊的進步，石 Sir 功高至偉，他是帶領琴隊攀上另一階段的大功神！我們感謝石 Sir 對我們的包容和鞭撻！

繼續努力，抓緊幸運

我們口琴班真幸運有程 Sir 和石 Sir 這兩位導師，當然還有石 Sir 的賢內助——石太這一位幕後功臣。我們每次的演出，石太都會出席為我們擔任「超級助理」：協助有需要的學員上台下台，替我們搬搬抬抬、拍照、看守背囊等等，不辭勞苦、默默地做我們的後盾。石太不單是石 Sir 成功背後的女人，亦實是我們琴隊背後的「掌門人」。

石太平易近人，對我們照顧有加。程 Sir 寬人嚴己，循循善導，孜孜善教。石 Sir 打破規範，革新表演模式，加入伴奏新元素，增加琴隊的趣味性，擴闊隊員的眼界。程 Sir 和石 Sir 兩人教授口琴的手法各異，卻能相輔相承，互補長短，使琴隊得以升華成長，更上一層樓！

柏會的柏之韻口琴隊，定會好好把握，勤奮磨練，將幸運緊緊抓住！

6.3 網上直播口琴班上課

讓你久等了——柏之韻口琴 on-the-net 在線音樂會

原定在 2018 年 12 月 7 日網上直播的「柏之韻口琴 on-the-net 在線音樂會」，一推再推，延至 2019 年 1 月 27 日才隆重登場！雖然音樂會未能像預期在互聯網上即時播放，但整體的效果也很理想。在柏友故事和曲目演奏兩部分的選材及拍攝都盡顯工作團隊的細密心思；剪輯處理謹慎小心，平穩踏實。程 Sir 對這次音樂會很滿意，他的評語是：「大家表現非常出色！」還打了一個滿分（100 分）給我們！

在 2018 年 6、7 月期間，復康會（CRN）社工同事向我們口琴班班長查詢柏之韻口琴隊對協助製作一個網上直播口琴音樂會的興趣。這個項目會在復康會的 e2care 康程式中的 e2CTV

平台直播。這個 CRN 提議的音樂會與我們之前參加過的音樂會不同，一直以來，我們都是以表演嘉賓身份參加演出，我們只需要練習好我們的選曲，到時在音樂會上盡心演奏，盡力而為，就已盡了責任。這次可不同了，我們是合作參與一個口琴音樂會的製作。所以，除了口琴表演部分，還有整個音樂會的內容構思及資料搜集、場地選擇及佈置、音樂會宣傳推廣、拍攝剪接、溝通聯絡和運作分工等等。還有在演出當日一連串的事前檢查、臨場安排及突發事件處理等等，一切都需要事前精心籌劃，準備充足，才能做好。

圖表 6c 柏之韻口琴隊 on-the-net 在線音樂會練習

對口琴隊來說，與 CRN 合作製作這個音樂會，不單是一個新嘗試，籌辦一個音樂會是一個工程項目，更是一個挑戰。我們班長在第一時間就召集了兩位導師和三位在口琴隊會務參與上較活躍的組員，成立了「口琴隊直播事宜工作小組」來應付這個挑戰，他們與 CRN 負責人開會商討直播細則及工作流程、職責分工和工作時間表。

經過多番商議，工作小組和 CRN 同意是次直播有以下三個目的：第一，讓公眾了解柏金遜症患者的生活；第二，推動柏金遜症病者的積極生活態度；及第三，宣傳香港柏金遜症會。從直播音樂會的目的來看，可見直播的著重點並不是在展示琴隊能否吹出超然優美的音色或掌握高難度的吹奏技巧。這些也不是口琴班的目標，口琴班志不是要培訓音樂家，而是希望吹奏口琴會成為柏友的興趣，給柏友內心帶來富足感。隊友之間建立友誼，大家能互信互勵與扶持，獻出由衷的關懷情意，增強柏友在生活上面對柏病的能力。

這個在線音樂會，從醞釀、籌備到在互聯網推出，共6個多月時間。推出日期遭到多次延誤，最終音樂會又不達預期，未能做到直播。延誤情況曾叫口琴隊隊員沮喪，一度失去練習的熱忱。在整個製作過程中，隊員也有不少得著，尤其是在柏友故事部分。平凡柏病故事彰顯關顧者付出的不平凡的、無私的愛與忍耐；平凡故事中顯出同路人相互支持，帶來不平凡的力量和心態轉變。病友故事內容散發豐富的同理心訊息，驅使隊員重新關注活在關愛中、活在當下。

6.4 網上活動創意無限 Zoom, Zoom, Zoom

過去兩年，Covid-19 肺炎疫情嚴峻，病毒傳播力強，威力震懾全球。各國都非常擔心，如臨大敵，用盡各種方法預防市民受到感染。香港政府立法全民在公眾地方必須配戴口罩，更勸籲市民不要外出流連或參與大型聚會，以減低互相感染的機會。市民萬一被確診感染，一律要送院治理，與確診感染者有密切接觸的更要被送到隔離營 21 天，以確認未受感染。

在家隔離工作，父母不用到辦公室上班；停教不停學，學生不用回學校上課；就連爺爺嬤嬤也不用到長者中心做運動。一時間，覺得家中突然「人氣急升」，熱烘烘的，各人都有些不慣，更希望可以下樓走走。

限聚令導致餐廳、酒樓、酒吧、戲院，健身中心、食市、娛樂場所及運動體育館等等都被迫關閉，各行各業在經濟上大受打擊，僱主和僱員怨聲載道！就連我們的幾個中心也受到影響，要跟隨政府措施關閉。這樣，連帶我們所有的活動也要被取消，當中尤以運動組的活動取消對我們柏友的影響最大，運動是柏友每天都不可缺少的恆常活動。在運動組群體活動，大家互相鼓勵，互相鞭撻，有說有笑，氣氛融和，有推動效果。在家中，一個人做運動便變得枯燥無味，容易失去動力，沒有恆心，很快就放棄停下來。

西九龍區運動組組長 Jessica Lau 是第一位想到用電子科技安排柏會活動給柏友在家中進行。每個星期三，Jessica 會把下次的運動流程安排好，並將相關的錄影片段上載到西九龍運動組的 WhatsApp 群組，以便星期四上課。

星期四一早，群組在手機旁等待運動時間到來，便各自打開自己的 WhatsApp，各人互相問好後，就跟著組長在群組的指示，一同跟著影片做運動，就像一同在中心運動一樣。這方法雖然未能提供現場影像，但都非常成功，因為每個還節，Jessica 都清楚講解及有高質素的影片配合。隨後，西九龍區的網上 WhatsApp 版運動班，成為其他分區運動組的藍本。

後來，Zoom 在柏會開始被用作開會、上課、講座、karaoke 表現、歌唱和太極比賽，甚至是開 party 的工具。我們的執委會可說是創意無限，把 Zoom 的功能發揮至極限。2021 年柏會的聖誕派對，也是以 Zoom 作平台舉辦，參加者共有 340 人，派對歷時由聖誕前夕上午 11 時至第二天聖誕日凌晨 12 時半，共 13 個半小時。這個 Zoom 會議無論是在人數之眾或時間之長，都可能打破健力士世界紀錄大全！

結語

「剛剛好」的當下之道

變幻才是永恆；剛剛好的當下之道，包含「變」的元素，平衡個人的所能與所不能；剛剛好的生活模式，不過少，不過多，不馬虎，不苛求，離美好最接近！

我們一直都在說要活在當下，為當下的自我而活、而奮鬥；但又說要掌握未來，愈早掌握未來，前路準備得愈周詳，日子會愈好。今天，我卻認同 John Naish 在《剛剛好，的生活》一書所討論的行為理論。全書用七個「剛剛好的生活」領域：資訊、食物、財物、工作、選擇、快樂及發展，和唯一一個永不嫌多的「品德」領域來勸說我們放棄對完美主義的追求。

剛剛好的生活是指在剛剛好的領域中找到自己的平衡點：不過多累贅，也不過少缺乏，離美好最近。整體論點是：惟有放棄拼命追求「卓越」，才可能擁有美好時光。鍥而不捨、堅持到底要達到最原先的目標，這對於到了蜜月期後的柏金遜症階段的患者來說，已不是理想的行徑。反之，在「堅持、堅持、再堅持」後，也不成功的話，便要考慮放下執念。定心冥思，提升正面情緒，明白所有一切於我們是有極限，繼而圓潤目標，甚或另立目標再起航，才是正確！

這樣的態度，過往會被視為懶惰、缺乏毅力、不上進的表現。現今社會的價值觀卻能容納「變」是一個元素；世界在變，社會在變；我的身體、我的能力在變；我的思想也得要變以迎合這些環境的改變。每事能做到自己的剛剛好，不馬虎，不苛求，就是「滿足之道」，就是「當下之道」，平衡心靈與環境的極簡思維。

在蜜月期後的柏金遜症將要到臨時，這個包含變的元素在內的當下真心，最能引領我們感到平衡的舒適自在。在柏症晚期將要到臨時，這個剛剛好的當下真心，最能引領我們不至墨守成規、苛求無法達到的完美。

一個「剛剛好」的當下之道，已是離美好最接近，我們又夫復何求！

特別鳴謝

《蜜月期後的柏金遜症》一書得以順利出版，讓更多人認識較後期的柏金遜症，全賴以下機構／人士的幫助及支持，本人對此致以衷心的感謝。

感謝 Synapse Therapeutics Limited（百谷醫療科技有限公司）慷慨贊助全數出版費用。

感謝香港中文大學神經外科專科陳達明醫生及香港柏金遜症會會長陳燕女士出心出力的推介，令這書成功獲得贊助出版。

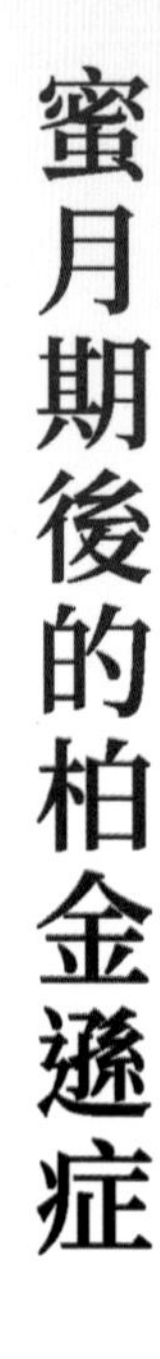

作者：葉影霞博士
編輯：Margaret Miao
封面設計：4res
內文設計：4res
出版：紅出版（青森文化）
地址：香港灣仔道133號卓凌中心11樓
出版計劃查詢電話：(852) 2540 7517
電郵：editor@red-publish.com
網址：http://www.red-publish.com
香港總經銷：聯合新零售（香港）有限公司
台灣總經銷：貿騰發賣股份有限公司
地址：新北市中和區立德街136號6樓
(886) 2-8227-5988
http://www.namode.com
出版日期：2022年1月
圖書分類：醫療與健康
ISBN：978-988-8743-73-5
定價：港幣78元正／ 新台幣310圓正